果树栽培与病虫防治技术研究

李　勇　刘　伟　胡志刚◎著

吉林科学技术出版社

图书在版编目（CIP）数据

果树栽培与病虫防治技术研究 / 李勇，刘伟，胡志刚著. -- 长春 : 吉林科学技术出版社，2023.3
ISBN 978-7-5744-0160-0

Ⅰ. ①果… Ⅱ. ①李… ②刘… ③胡… Ⅲ. ①果树园艺－研究②果树－病虫害防治－研究 Ⅳ. ①S66 ②S436.6

中国国家版本馆 CIP 数据核字(2023)第 053781 号

果树栽培与病虫防治技术研究

作　　者　李　勇　刘　伟　胡志刚
出 版 人　宛　霞
责任编辑　李　超
幅面尺寸　185mm×260mm
开　　本　16
字　　数　286 千字
印　　张　12.5
版　　次　2023 年 3 月第 1 版
印　　次　2023 年 3 月第 1 次印刷

出　　版　吉林科学技术出版社
发　　行　吉林科学技术出版社
地　　址　长春市净月区福祉大路 5788 号
邮　　编　130118
发行部电话/传真　0431-81629529　81629530　81629531
81629532　81629533　81629534
储运部电话　0431-86059116
编辑部电话　0431-81629518
印　　刷　北京四海锦诚印刷技术有限公司

书　　号　ISBN 978-7-5744-0160-0
定　　价　75.00 元

前　言

随着农林产业结构的调整和以特色林果业为主的林业产业体系的发展，林果业已逐渐成为农村经济支柱产业之一。有些地区由于急于发展果树业，对一些引种品种缺乏引种实验就开始大面积种植，给由于生物因子和气候因子造成的破坏留下安全隐患。不科学施用化肥：过多施用硝态氮会造成果实的硝酸盐含量升高，盲目施用含氯化肥极大地影响了果实的原有风味。过多施用化肥破坏了土壤的微生物系统，易引起根部病害，还破坏了土壤的团粒结构，减弱土壤的持水力，降低土壤抵御干旱的能力。大量施用杀虫剂在消灭害虫的同时也杀死了有益天敌昆虫。有的果园为了一时的经济利益，采收时仍然施用剧毒杀虫剂，因此生产出的水果会出现“好看不好吃，好吃有危险”等安全问题。建园园址的选择决定果品是否受自然环境和周围污染源的影响：园址的环境污染将会造成果品的重金属含量超标及有毒物质的危害。因此，果园的选址要远离一切污染源。污染源主要是指与果树生长和果品发育息息相关的土壤、水质和空气等的污染，主要是指以下几种情况：农药生产厂家、化肥厂、制钉厂、发电厂及造纸厂等，这些工厂不仅会散发二氧化硫、氟化物等有毒气体，造成空气污染，而且排放出的废液会严重污染地下水源，进而毒害果树，使果品对人体产生危害。因此，在选择园址时，既要考察果园周边的自然环境，还要对果园的灌溉用水的水质进行质量观察和测定。农药的使用将直接造成果品的安全危害。施用农药时，只有10%的药液附着在树体上，其余90%通过各种形式向周围环境扩散造成严重的环境污染，特别是一些性能稳定、残效期长、分解后仍有毒副作用的农药，进入人体后不易排出，在人体内浓缩积累，极大危害人体健康。因此在果品生产过程中要严禁使用高毒、高残留、致癌、致畸和致突变的农药。果树栽培技术及病虫害防治是影响果树栽培成活率与长势的关键。为了实现林业的长远发展，必须加强对果树种植技术与病虫防治的研究。

基于此，本书从果树栽培理论基础介绍入手，针对苹果栽培技术、梨栽培技术以及樱桃栽培技术进行了分析研究；另外对果树病虫害的理论分析、果树病虫害的综合防治技术做了一定的介绍；还对果树常用的杀菌剂做了简要分析；旨在摸索出一条适合果树栽培与病虫防治工作创新的科学道路，帮助其工作者在应用中少走弯路，运用科学方法，提高效率。

在本书的撰写过程中，参阅、借鉴和引用了国内外许多同行的观点和成果。各位同人的研究奠定了本书的学术基础，对果树栽培与病虫防治技术研究的展开提供了理论基础，在此一并感谢。另外，受水平和时间所限，书中难免有疏漏和不当之处，敬请读者批评指正。

目　录

第一章　果树栽培理论基础 ………………………………………… 1

第一节　果树栽培的生物学基础 ………………………………… 1

第二节　果树与环境 ……………………………………………… 14

第三节　果树栽培基本技术 ……………………………………… 16

第二章　苹果栽培技术 …………………………………………… 25

第一节　土壤管理技术 …………………………………………… 25

第二节　果园施肥技术 …………………………………………… 27

第三节　整形修剪技术 …………………………………………… 33

第四节　花果管理技术 …………………………………………… 38

第三章　梨栽培技术 ……………………………………………… 45

第一节　梨园规划与栽培新模式 ………………………………… 45

第二节　梨园宏观结构与整形修剪技术 ………………………… 52

第三节　梨园土肥水管理技术 …………………………………… 57

第四章　樱桃栽培技术 …………………………………………… 77

第一节　中国樱桃的栽培技术 …………………………………… 77

第二节　甜樱桃（大樱桃）的栽培技术 ………………………… 82

第五章　果树病虫害的理论分析……104
第一节　认识昆虫……104
第二节　果树害虫的主要类群……118
第三节　昆虫与环境的关系……125
第四节　果树非侵染性病害……136
第五节　果树侵染性病害……138
第六章　果树病虫害的综合防治技术……145
第一节　果树病虫害防治的基本原理……145
第二节　果树病虫害的综合防治方法……148
第七章　果树常用的杀菌剂……170
第一节　农用抗生素……170
第二节　有机硫类、磷类杀菌剂……173
第三节　取代苯基类杀菌剂……177
第四节　其他有机杀菌剂……180
第五节　无机杀菌剂……186
参考文献……193

第一章　果树栽培理论基础

第一节　果树栽培的生物学基础

一、果树的年生长周期和生命周期

（一）果树的年生长周期

果树的年生长周期是指每年随着气候变化，果树生长发育表现出来的一系列有规律的形态变化。落叶果树的年生长周期分为生长期和休眠期。常绿果树的年生长周期没有明显的休眠期。

生长期为果树各部分器官表现出显著的形态和生理功能动态变化的时期。落叶果树春季开始一个新的生长期，枝条萌芽，抽生新梢，展开叶片，开花坐果。夏季进入旺盛生长期，各个新生器官继续生长发育，枝叶茂盛，果实逐渐由小变大。秋季果树发育成熟，新梢停止生长，枝条逐渐充实，新芽变得越来越饱满，叶片开始衰老，最后脱落，生长期慢慢结束，进入休眠期。落叶果树生长的物候期一般分为：萌芽期、开花期、新梢生长期、花芽分化期、果实发育期、落叶期。

生长在热带和亚热带地区的常绿果树，开花、新梢生长、花芽分化、果实发育可同时进行，老叶的脱落又多发生在新叶展开之后，在一年内能够多次萌发新梢，分化形成花芽，开花结果，其物候期较为复杂。

休眠期为果树的芽或其他器官生命活动微弱、生长发育表现停滞的时期。休眠是果树对季节性温度冷暖变化或水分干湿变化的一种适应。处于休眠状态的果树对低温和干旱的忍耐能力增强，有利于果树度过寒冷的冬季或缺水的旱季。

一般果树休眠可分为自然休眠和被迫休眠两种。

自然休眠也叫内休眠，是指由果树内在因子确定的一种生长发育停滞，即使外部的环境条件适宜生长，芽仍然不萌动生长。果树需要在一定的环境条件下，自身逐步发生变化，解除休眠后，才能正常萌芽生长。解除自然休眠需要果树在一定的低温条件下度过一段时间，这段时间称为需冷量，通常为果树在≤7.2℃低温下需要度过的累积小时数。

被迫休眠也叫外休眠，是指需冷量已经满足，但是由外部环境，如温度较低等条件导致的休眠。打破芽的被迫休眠只需要改变环境条件即可，例如，把已经打破自然休眠的桃树移入温室栽培，可以使其提前开花结果。

（二）果树的生命周期

果树生命周期是指果树从生到死的生长发育全部过程。果树生命周期包含许多个年生长周期，这是多年生果树不同于一、二年生农作物的一个显著特征。有性繁殖果树和无性繁殖果树的生命周期有本质差异。

有性繁殖的果树的生命周期可分为童期（幼年期）、成年期和衰老期。

童期是指从种子播种后萌发开始，到实生苗具有分化花芽潜力和开花结实能力为止需要经历的时期。对于处于童期的果树，无论采取何种措施也不能使其开花结果，但是可以采用一些方法来缩短童期，促使实生树提前开花结果。

成年期是指从果树具有稳定持续开花结果能力时起，到开始出现衰老特征时结束。通常根据果树结果状况，把成年期再细分为结果初期、结果盛期和结果后期三个时期。果树的成年期长短因树种和品种而异，主要由遗传物质控制，但树体营养状况、结果数量、自然环境条件和栽培技术措施也影响果树成年期的生长发育。

衰老期是指从树势明显衰退开始到果树最终死亡。果树衰老受遗传因子控制，不同树种的实生树寿命长短不一。环境条件也影响果树的寿命。延长果树寿命的栽培措施：加强果园土肥水管理，促使树体健壮生长；重剪迫使基部的潜伏芽萌发，长出新枝；调节果树营养生长和生殖生长的关系，控制花芽数量，促进新梢生长。

无性繁殖的果树生命周期可分为营养生长期、结果期和衰老期。无性繁殖果树是利用果树营养器官的再生能力培育的植株。因为从母株上采集的繁殖材料已经具有开花结果的能力，所以无性繁殖的果树生长发育不需要度过童期，不过，无性繁殖的果树前期营养生长旺盛，不开花结果或者开花结果很少，需要经历一段时间的营养生长才能正常开花结果。

二、果树生长发育特性

果树树体由地上和地下两部分组成。地上部分主要包括：主干、主枝、侧枝、中央领导枝、延长枝、营养枝和结果枝以及芽、叶、花、果等；地下部分为根系，包括主根、侧根、须根等。地上与地下交界处为根茎。

（一）根系

根系是果树的重要营养器官，俗话说："根深叶茂结果牢靠。"根系的主要功能是：①固定树体作用。②吸收作用。吸收水分、矿质养分和少量的有机质。③运输作用。将水、无机盐、有机养分和其他生理活性物质输导至其他部位，以供树体利用。④贮藏作用。将营养贮藏在树体中，以备再次利用。⑤合成作用。如将无机氮转化为氨基酸和蛋白质，以及合成生长素和细胞分裂素等生理活性物质。

1. 根系类型及结构

（1）根系类型

果树根系因发生和来源不同，可分为实生根系、茎源根系和根蘖根系三种类型。

①实生根系

从种子胚根发育而来的根系称为实生根系。特点：主根发达，根系较深，生理年龄较小，生命力强，对外界环境有较强的适应能力，但个体间差异大。

②茎源根系

用扦插、压条等方法繁殖所形成的果树根系称为茎源根系。其根系来源于母体茎上的不定根。特点：主根不发达，根系分布较浅，生理年龄较大，生命力相对弱，因来源于同一品种或母体，其个体间差异较小。

③根蘖根系

有些果树在根上能够形成不定芽，其萌发长成根蘖苗，与母体切离形成单独的个体，这类果树的根系称为根蘖根系。特点：与茎源根系相似。

（2）根系结构与分布

①根系结构

果树的根系是由主根、侧根和须根组成。主根：由种子胚根发育而成；侧根：在主根上分生出来的各级粗大的分枝称为侧根；须根：在主根和各级侧根上发生的许多细小的根称为须根。主根和各级粗大的侧根构成根系骨架，统称为骨干根。

②根系分布

依据根系在土层中的分布状态，通常区分为水平根和垂直根两类。水平根是指沿土壤表层呈大体平行方向生长的根。水平根在土壤中是层列的，水平根群主要分布在土壤表层，在0~30cm范围内通常分布着70%以上的根群。水平根在根系分布中占主导地位。垂直根是指大体与土表呈垂直方向生长的根，其分布深浅受树种、品种、砧木和土壤等的影响。垂直根与水平根相比处于次要地位。

2. 根系生长特点

（1）果树根系没有自然休眠期

果树根系在年周期中没有自然休眠现象，只要条件适合可以周年生长。落叶果树在落叶后根系还有少量的生长，随着土温下降，根系生长越来越弱，至 12 月下旬土温降至 0℃时停止生长，被迫进入休眠。果树根系在不同时期生长强度不同。

（2）果树根系在一年中呈波浪式生长

①幼年树发根高峰

幼年树一年内有三次发根高峰：第一次发根高峰在春季。随着土温上升，根系开始活动，当达到适宜温度时，出现第一次发根高峰。特点是发根较多，但时间较短，主要依靠上一年树体贮藏的养分。第二次发根高峰是当新梢生长缓慢，果实又未达到加速生长时，养分主要集中供给根系，此时出现第二次发根高峰。特点是生长时间较长，生长势强，发根数多，为全年发根最多的时期，主要依靠当年叶片光合作用制造的养分。第三次发根高峰是进入秋季后，花芽分化减慢，果实已经采收，叶片制造的养分回流，根系得到的养分增加，又出现第三次生长高峰。特点是持续的时间长，但生长势较弱。

②成龄树发根高峰

成龄树发根情况与幼树不同，全年只有两次高峰；春季根系生长缓慢，直到新梢生长快结束时，才开始形成第一次发根高峰，是全年的主要发根时期；到秋季出现第二次发根高峰，但不明显，持续的时间也不长。

（3）地上部与根系生长的先后顺序

在根系生长年周期中，地上部与根系开始生长的先后顺序，因树种、枝芽和根系生长对环境条件的要求不同而异。如苹果、梨根系活动对地温要求低，所以根系先开始活动，后萌芽。柑橘根系活动对地温要求较高，所以在地温较低地区，先萌芽，后发根；在地温较高地区，先发根，后发芽。

（4）不同深度土层的根系有交替生长现象

不同深度土层的根系有交替生长现象，这与温度、湿度和通气状况有关。据报道，苹果树的吸收根 60%～80%发生在表层，0～20cm 表层土中最多，称为“表层效应”。因此创造最适宜的土壤表层环境对根系生长至关重要。

（5）根系生长主要在夜间

根系昼夜不停地进行着物质的吸收、运输、合成、贮藏和转化。根系主要在夜间生长，根系发生数量和生长量夜间多于白天。

（二）芽、枝、叶

1. 芽

芽是多年生植物的重要器官，相当于种子，是枝、叶、花等器官的原始体，是果树生长结果、更新复壮的基础。

（1）芽的类型

①根据芽的外部形态和内部构造分为叶芽和花芽。芽内仅含叶原基，萌发后只能抽枝展叶的芽称为叶芽。花芽又分为纯花芽和混合芽。芽内仅含有花原基，萌发后只能开花而不能抽枝展叶的芽称为纯花芽；叶原基与花原基共存于同一芽体内，萌发后既能抽枝展叶又能开花结果的芽称为混合芽。

②根据芽形成后萌发的时间分为早熟性芽、晚熟性芽和潜伏芽。

早熟性芽：当年形成、当年萌发的芽。

晚熟性芽：当年形成、当年不萌发、来年萌发的芽。

潜伏芽：芽形成后不萌发而在枝干上潜伏数年，当受刺激后才能萌发的芽。

③根据芽在节上的数目分为单芽和复芽。一个节上只着生一个芽为单芽；一个节上着生两个以上的芽为复芽。

④根据芽在枝条上着生的位置分为顶芽和侧芽。着生在枝条顶端的芽称为顶芽；着生在枝条叶腋处的芽称为侧芽。

（2）芽的特性

①芽的异质性

由于枝条内部营养状况和形成芽时环境条件不同，在同一枝条上不同部位的芽，存在差异的现象，称为芽的异质性。一般枝条基部的芽在早春形成，此时气温低，叶片小，光合产物少，芽发育不好，常为潜伏芽。进入初夏，气温升高，叶面积增大，光合作用增强，芽发育状况改善，至枝条缓慢生长后，叶片合成并积累大量养分，这时形成的芽充实饱满，枝条如能及时停长，顶芽质量最好。秋季形成的芽，由于时间晚，气温低，叶片光合能力差，有机养分积累时间短而少，芽不饱满，甚至顶芽不能形成。

②萌芽力和成枝力

一年生枝上的芽能萌发抽生枝条的能力称为萌芽力。一般用枝条上萌发的芽占所有芽的百分率来表示，萌芽在50%以上称为萌芽力强。一年生枝上的芽萌发后抽生长枝的能力，称为成枝力。萌芽力和成枝力因树种而异。如柑橘、桃的萌芽力和成枝力均强；梨萌芽力强，成枝力弱。

③芽的早熟性和晚熟性

一些果树新梢上的芽当年就能大量萌发并可连续分枝，形成二次梢或三次梢，这种特性称为芽的早熟性。如葡萄、桃、杏、枣等。一些果树当年形成的芽当年不萌发，而在次年萌发，这种特性称为芽的晚熟性，如苹果和梨等。

④芽的潜伏力

果树衰老或受伤后能由潜伏芽抽生新梢的能力称为芽的潜伏力。芽的潜伏力强的果树（如苹果、梨）树冠更新较为容易，潜伏力弱的果树（如桃）树冠易衰老。

2. 枝

果树的枝条有贮藏、运输水分和养分，支持叶、花和果的作用。枝条有发达的输导组织和机械组织，构成树体的交通运输网和骨架。

（1）枝条生长

①加长生长

枝条加长生长是顶端分生组织分裂伸长的结果。新梢生长分三个时期：

开始生长期：从萌芽到第一片真叶分离为开始生长期。此时期果树主要依靠上年树体贮藏的养分。

旺盛生长期：茎组织明显伸长，幼叶迅速分离，叶片增多，叶面积增大，光合作用增强。此时期果树主要依靠当年叶片制造的养分。

缓慢生长和停止生长期：枝条生长一段时间后，由于外界条件的变化和树体内在因素（果实、花芽、根系）的影响，细胞分裂和生长速度逐渐降低和停止。此时期枝条节间短，顶芽形成，生长停止。随着叶片逐渐衰老，光合作用减弱，枝内发生木栓层，并积累淀粉和半纤维素，蛋白质合成加强，机械组织内的细胞壁充满木质素，枝条开始成熟。

②加粗生长

树干和枝条的加粗生长，是形成层细胞分裂、分化和增大的结果。加粗生长略晚于加长生长，其停止也稍晚。初始加粗生长依靠上年贮藏的养分，当叶面积达到最大面积的70%左右时，养分即可供给加粗生长，所以枝条上叶片的健壮程度和大小对加粗生长影响很大。树体负载量的大小与枝干的粗度呈正相关。

（2）枝的特性

①顶端优势

顶端优势是指活跃的顶端分生组织或茎尖常抑制其下侧芽萌发的现象。如果树枝条上部的芽抽生长枝，其下抽生的枝逐渐变短，甚至最基部的芽不萌发而处于休眠状态。树种品种不同，顶端优势的强弱不同。

②树冠层性

树冠层性是顶端优势和芽的异质性共同作用的结果，生长在中心干上的枝呈现层状排列的现象称为树冠层性。树种不同层性的显著程度也不同。苹果树和梨树层性明显，桃树层性不显著。

③垂直优势

枝条着生方位不同，生长势表现出很大差异。直立的枝条生长旺而长，接近水平或下垂的枝条则生长弱而短，这种现象称为垂直优势。

3. 叶

（1）叶的形态

叶片是进行光合作用制造有机养分的主要器官，是果树生长发育形成产量的基础，叶片还具有呼吸、蒸腾和吸收等功能。叶片的大小及多少，对枝条生长、花芽分化和果实发育有很大影响。促进叶片正常生长和保护叶片功能对果树生产具有重要意义。

（2）叶幕和叶面积指数

①叶幕

叶幕是指同一层骨干枝上全部叶片构成的具有一定形状和体积的集合体。叶幕结构对光能利用情况影响极大。栽培上合理的叶幕结构应是总叶面积大，能充分利用光能而不致严重挡光。果树栽植密度、整形方式及树龄不同，叶幕的形状和体积不同。适宜的叶幕厚度是合理利用光能的基础。多数研究表明，主干疏层形的树冠第一、二层叶幕厚度50~60cm，叶幕间距80cm，叶幕外缘呈波浪形是较好的丰产结构。

②叶面积指数（LAI）

叶面积指数是指单位面积上所有果树叶面积总和与土地面积的比值（叶面积指数=总叶面积/土地面积）。在科研和生产中常以叶面积指数来估计果树的生产力。这是因为叶片是光合产物的直接制造者，产量在一定限度内与叶面积指数大小成正比例关系。各种果树均有其最适叶面积指数，在最适叶面积指数下，单位面积上群体光能利用率达最大值。乔化果树一般叶面积指数为3~5，单位面积上群体光能利用率达最大值。苹果树、梨树叶面积指数为3~4较好，柑橘树叶面积指数为4.5~5，桃树叶面积指数一般高于苹果为7~10。矮化果树如苹果树叶面积指数为1.5左右为宜。

（三）花芽分化

由叶芽的生理和组织状态转化为花芽的生理和组织状态，称为花芽分化。花芽分化是果树年周期中最重要的物候期，要想达到早果高产的目的，必须了解花芽分化的规律，掌握调控花芽分化的措施。

1. 形态分化时期及特点

（1）形态分化

花的发端标志着形态分化的开始，芽生长点相继分化为花的原基，并逐渐形成花的各个器官。芽内花器官的出现与形成称为形态分化。花芽形态分化紧接在生理分化之后，各个花原基出现以及花器官形成均是按一定的顺序依次进行的。虽然不同种类果树的花芽和花的构造和类型多样，分化过程和形态标志各异，但花芽分化的顺序大体相同，凡具有花序的，先分化花序轴，后分化花蕾；就一个花蕾的各组成部分的分化顺序而言，则先分化下部或外部器官，后分化上部或内部器官。

（2）不同种类果树的花芽形态分化时期和特点

①仁果类苹果树、梨树等花芽形态分化时期及特点

未分化期：其标志是生长点狭小、光滑。生长点范围内均为体积小、等径、形状相似和排列整齐的原分生组织细胞。

分化初期：生长点肥大突起，呈半球形。生长点除原分生组织细胞外，还有大而圆、排列疏松的初生髓细胞出现。

花蕾形成期：肥大高起的生长点变成四周有突起的形状，正顶部为中心花蕾原始体，外围为侧花原始体。

花萼形成期：生长点先端变平，而后凹陷，四周突起即为花萼的原始体。

花瓣形成期：在花萼原始体内侧的基部出现突起，即为花瓣原始体。

雄蕊形成期：在花瓣原始体内侧基部发生多个突起，一般排列为二轮，为雄蕊原始体。

雌蕊形成期：在花原始体的中心底部发生突起，即为雌蕊原始体。

②核果类桃树、李树、杏树、樱桃树等花芽分化特点

花芽为纯花芽，芽内无叶原始体，而紧抱生长点的是苞片原始体。

桃花芽内只有一个花蕾原始体，而樱桃、李等则有两个以上花蕾原始体。

分化初期的标志是生长点肥大隆起，略呈扁平半球状，即花蕾原始体。

萼片、花瓣和雄蕊的分化标志与仁果类基本相同。

雌蕊分化也是从花原始体中心底部发生，但是只有一个突起。

③柑橘类花芽分化特点

未分化的生长点狭小并为苞片所紧抱。

分化初期生长点变高而平宽，苞片松抱。

其他各分化期与仁果类相似，但子房为多室。

2. 花芽分化要求的条件

（1）花芽分化的内在条件

①花芽形态建成中要有比建成叶芽更丰富的结构物质，包括光合产物、矿质盐类以及转化合成的各种糖类、氨基酸和蛋白质等。

②花芽形态建成中必须具备能量物质，如淀粉、糖类和 ATP。

③花芽形态建成中必须具备平衡调节物质，主要是内源激素，包括生长素（IAA）、赤霉素（GA）、细胞激动素（TK）、脱落酸（ABA）和乙烯等，酶类在物质调节和转化中也是不可缺少的。

④花芽形态建成中必须具备相关的遗传物质，如脱氧核糖核酸（DNA）和核糖核酸（RNA）等，它们是代谢方式和发育方向的决定者。

（2）花芽分化的外界条件

①光照

苹果等多数果树喜欢长日照和强光，因为良好的光照条件有利于糖类的合成，有利于内源激素的平衡，从而提高花芽的分化率。在栽培上，要考虑合理的栽植密度、丰产树形和适当的修剪技术。

②温度

温度影响果树一系列的生理过程，同时也影响着激素的平衡。因此，花芽分化对温度也有一定的要求。不同树种对温度要求不同。如苹果花芽分化的适宜温度是 20～27℃，低于 15℃或高于 30℃，对花芽分化都不利。

③水分

花芽分化必须保持适量的水分，土壤湿度以土壤持水量的 60%～70%为宜。在花芽分化的临界期前，要在短时期内适当控制水分的供应，目的是抑制新梢生长，减少养分消耗，促进养分的积累，利于花芽形成。在花芽分化的临界期，要保证水分的供应。

④矿质元素

矿质元素在花芽分化过程中必须保障供应。在花芽分化期间适当喷氮和磷，则成花效应明显。

3. 花芽分化调控途径

（1）根据幼树和成年树的生长特点，采取不同的措施

①幼树生长特点及控制措施

根据幼树生长过旺的特点，采取的方法是：少施氮肥，多施磷肥、钾肥，适当控制灌

水量；注意夏季修剪（疏枝、拉枝、环剥等）或喷乙烯利、B9等抑制剂，控制营养生长，促进花芽形成。

②成年树生长特点及控制措施

成年树新梢生长、花芽分化和果实形成三者处于矛盾之中。采取的措施是：

在树体生长前期，多施氮肥并灌水，促进营养生长；在花芽分化临界期之前，要在短期内控制水分和氮肥的供应，促进花芽形成；在花芽分化临界期，要保证水分和氮肥、磷肥、钾肥的供应，促进花芽分化。

对花芽量过多的树，尤其是大年树要进行疏花疏果，减轻花芽分化与果实发育的矛盾。

在采收前后至落叶前，采取保叶和加强肥水管理的措施，使树体有足够的贮藏养分，为来年果树生长发育奠定基础。冬剪时要注意调节花芽和叶芽比例。

（2）花芽分化临界期控制花芽分化

花芽分化的临界期是花芽分化的关键时期，在这一时期要加强肥水供应，还可采用栽培措施控制花芽分化。

（四）开花结果

1. 开花

（1）花的组成及类型

花是植物体的重要生殖器官，是果实生长发育的基础。花由花梗、花托、花萼、花瓣、雄蕊和雌蕊组成。

根据雌雄蕊的有无，可将花分为两性花和单性花。在一朵花中同时具有雄蕊和雌蕊的为两性花。在一朵花中只有雌蕊或只有雄蕊的为单性花。

（2）花期及开花次数

①花期

一株树从花出现到花落为花期。花期一般分为四个时期：初花期：有5%~25%的花开放；盛花期：有25%~75%的花开放；末花期：有75%以上的花开放；落花期：从花瓣开始脱落到花瓣全部脱落为落花期。

不同树种不同品种花期不同，苹果、梨、桃等树种花期较短，柿、枣等树种花期长。树体营养水平和外界环境条件不同，花期不同。树体营养水平高，则开花整齐，花期长；树体营养水平低，则开花不整齐，花期短。高温干燥时，代谢旺盛，花粉萌发及受精快，花期缩短；冷凉湿润时，花粉萌发及受精迟缓，花期长。

②开花次数

具有早熟性芽的果树，如葡萄，一年可开花一次以上；具有晚熟性芽的果树如苹果的大多数品种，一年开花一次，但遇特殊情况（如病虫危害、夏季久旱、秋季温暖多湿等），也会二次开花。在生产上要注意避免这种现象发生，因为这种现象会影响树势和下一年的产量。

2. 授粉受精

（1）授粉

授粉是指花粉由花药散出传到柱头上的过程。同一树种同一品种间授粉属于自花授粉，同一树种不同品种间授粉为异花授粉。花粉传播媒介是风和昆虫。仁果类和核果类花粉粒较大而有黏性，外壁有各种形状的突起花纹，主要靠昆虫传播；坚果类花粉小而轻，外壁光滑，可由风传播。

（2）受精

受精是精子与卵子的融合过程。

授粉受精不完全的子房，种子少，畸形果多，发育过程中落花落果现象严重。授粉受精完成的好坏与许多因素有关。

（3）影响授粉受精的因素

①自花不结实

自花不结实是指同品种的花粉不能使同品种花的卵子受精的现象。如甜樱桃的全部品种、欧洲李的多数品种、苹果和梨的许多品种有自花不结实的现象。自花不结实的原因如下：

雌雄异株：如银杏。

花粉无生活力：如桃的某些品种。

雌雄异熟：花粉散出过早或过晚而不能适时授粉，如核桃、板栗的某些品种。

自交不亲和：是自花不结实的最重要的原因，如欧洲李、甜樱桃和扁桃等。

果树栽植时，对自花不结实的品种必须配置花粉多、花期一致且亲和性强的其他品种作为授粉树，创造异花授粉的条件。

②花粉和胚囊败育

形成正常的花粉和胚囊是成功授粉和受精的前提，但有一些因素常会引起花粉或胚囊发育中途停止，这种现象称为败育。原因如下：

遗传上的原因：花粉或胚囊细胞中的染色体数为多倍体。

营养条件：花粉或胚囊在发育过程中需要足够的贮藏营养，如果营养不足会引起败育。

环境条件：在花粉和胚囊发育过程中，不适宜的温度、光照和水分会引起败育。

③营养条件对授粉受精的影响

正常受精过程不但要有发育正常、相互亲和的雌雄配子，还要有花粉萌发、花粉管生长和受精等适宜条件。影响花粉萌发、花粉管生长速度、胚囊寿命及柱头接受花粉时间长短的重要内因是树体营养。在树体营养良好的情况下，花粉管生长快，胚囊寿命长，柱头接受花粉时间也长，这样可大大地延长有效授粉期；若树体营养不足，花粉管生长速度慢，胚囊寿命短，当花粉管未到达或到达胚珠时，胚囊已失去功能，不能受精。施用氮肥、硼肥、钙肥、磷肥利于授粉受精，可提高坐果率。

④外界环境条件对授粉受精的影响

温度是影响授粉受精的重要因素。温度影响花粉管通过花柱的时间，如苹果在常温下，花粉管通过花柱所需时间为48~72小时，最多可达120小时，高温下只需24小时；低温下花粉管生长速度慢，到达胚囊前胚囊已失去了受精能力。另外，低温影响授粉昆虫的活动，一般蜜蜂活动的温度要在15℃以上。花期若遇大风不利于昆虫活动，同时还会使柱头干燥而不利于花粉发芽。花期若遇阴雨潮湿，不利于传粉，影响受精。

3. 果实发育

（1）果实发育的时间

果实发育通常是指从受精开始到果实衰亡的综合变化过程。果实发育所需要时间的长短因树种、品种而不同。草莓最短，仅需20~30天，樱桃需40~50天，杏需70~100天，桃需60~170天，苹果需80~180天，柑橘需120~140天，伏令夏橙需350~420天，需时最长的为香榧，长达1年半。自然条件对果实发育时间也有一定的影响。

（2）果实发育时期

各种果实发育都要经过细胞分裂、种胚发育、细胞膨大和细胞内营养物质大量积累和转化的过程。例如，苹果的果实在发育过程中可分为以下三个时期：

①第一生长期：从受精到胚乳增长停止。特点是细胞分裂最快，此时期需要大量的氮、磷和糖类，氮、磷可由树体贮藏及施肥供应。

②第二生长期：从胚开始发育直到种子硬化。特点是胚开始迅速发育，吸收胚乳营养，细胞基本不再分裂，细胞体积增长速度较慢。

③第三生长期：从果实体积迅速增长到果实成熟。特点是随着细胞体积的迅速膨大，果实迅速增大，细胞内积累大量营养物质并进行转化，呈现出品种所特有的风味，果面着色，种皮变褐，果实达到成熟。

4. 果实成熟及果实品质

（1）果实成熟

果实成熟是指果实达到该品种固有的形状、色泽、质地、风味及营养物质等的综合变化过程。果实开始成熟时内部生理发生一系列的变化。果实在成熟前，积累了大量的淀粉、有机酸、蛋白质、单宁和原果胶等，此时果实有缺香味、多酸涩、较生硬等特点。随着果实成熟，淀粉转化成糖；有机酸参与呼吸作用而氧化分解；单宁被氧化；原果胶在果胶酶的作用下转化成可溶性果胶；高级醇、脂肪酸在酶的作用下转化成酯。因此，果肉变得松脆或柔软且具芳香。此外，随着果实的成熟，叶绿素分解，绿色消失，类胡萝卜素、花青素等色素的颜色显现出来。

（2）果实品质

果实品质由外观品质和内在品质构成。外观品质包括形状、大小、整齐度和色泽等，内在品质包括风味、质地和营养成分等。

果实外观品质中的果实色泽因种类品种而异。决定色泽的物质主要是叶绿素、胡萝卜素、花青素等。花青素主要是水溶性色素，花青素的形成需要糖的积累。近年来，生产上对梨、桃、葡萄、苹果和荔枝等果树的果实进行套袋，改善了果实着色和光洁度，是提高果实品质的主要措施之一。另外，还可在树下铺反光膜，改善树冠内膛和下部的光照条件，使果实着色良好。柑橘在采收前用红色透明纸袋对果实进行套袋或在果实贮藏期间用红光照射果实，能形成很好的色泽。由此可见，环境条件和树体营养对果实着色有较大的影响。糖的积累、温度和光照条件是色泽形成的三个重要因素。

果实的内在品质主要包括硬度、风味和营养成分等。决定果实硬度的主要物质是果胶、纤维素和木质素等。矿质营养、激素、水分等对果实硬度有影响。果实风味是指摄入前后刺激人的所有感官而产生的各种感觉（化学、物理和心理感觉）的综合效应。果实中糖、酸含量和糖酸比是衡量果实品质的主要指标。树种品种、砧木、果实采收早晚、树体营养与负载量、肥料种类和环境条件等都会影响果实中糖类的含量。影响果实香味的物质有醇、醛、酮、酯和萜烯类等芳香物质。了解影响果实品质的物质和因素，在果树栽培中，能有效地采取农艺技术措施，达到提高果实品质的目的。

第二节　果树与环境

一、果树与温度的关系

温度是果树正常生命活动的必要因素，它决定着果树的自然分布，制约着树体的生长发育过程。

（一）生长季积温与果树生长的关系

生长季是指不同地区能保证生物学有效温度的时期。营养生长期是指果树通过营养生长所需要的时期，即果树萌芽到正常落叶所经历的天数。只有当生长季与果树生长期相适应时才能保证果树正常的生长和结果。

在适宜的综合外界条件下，能使果树萌芽的平均温度称为生物学有效温度的起点。一般落叶果树生物学有效温度起点为6～10℃，但转入旺盛生长的温度为10～12℃。生长季中生物学有效温度的总和为生物学有效积温，它是影响果树生长的重要因素。积温不足，果树枝条生长不好，同时也影响果实的产量和品质。积温是经济栽培区的重要气候指标。

同一树种不同品种在生长期内对热量的要求也不同。一般营养生长期开始较早的品种对夏季的热量要求较低。同一品种在年周期中不同物候期或不同器官活动所要求的温度也不同，因而产生了不同年度各个物候期延续时间的差异和物候动态的交错现象。一般在温度较高的年份各物候期的通过时间相对缩短，而低温年份各物候期的通过时间相对延长。

（二）休眠期低温与温度变化对果树的影响

休眠期的低温是决定果树树种在某种条件下能否生存的指标。首先应明确以下几个概念：

耐寒性是指果树能抵抗或忍受0℃以上低温的能力。

抗冻性是指果树能忍受0℃以下温度的能力。

越冬性是指果树对冬季一切不良条件的抵抗、适应能力。

果树在休眠期对低温的抵抗能力因树种、品种不同而各异，原产北方的山荆子，能忍耐-50℃的低温，而南方热带果树在0℃左右即引起冻害。

果树在休眠期的抗寒能力受树体内水分和营养状况、越冬锻炼程度及温度变化幅度等影响。当温度缓慢下降，树体内的代谢作用随之逐步改变和适应时，通过抗寒锻炼，忍受低温的能力就增强。如果温度剧变，果树的代谢作用来不及改变，其与环境适应的统一关系就遭破坏，即使温度不过低也能引起冻害。树体内水分状况不平衡时会加大受冻的可能性。已成熟的枝条，经过锻炼，蒸腾强度较弱，越冬性提高，在-30℃时也不发生冻害，但未充分成熟的枝条，蒸腾强度较大，在-5℃的低温下即发生冻害。

在大陆性气候地区常发生花芽和花早春冻害的现象。如早春温度变暖，核果类果树芽极易萌动，因而降低了花芽的抗冻性，天气回寒时，就会造成大量死亡。

总之，影响果树生长发育的温度指标主要是年平均温度、生长期积温和冬季最低温。通常用这三者作为果树区划的指标。

二、光照

光是果树生长的主要因素之一。不同的果树种类对光的要求程度不同，光照过多或不足均会妨碍果树的正常生长和结果，进而造成病态。感受光能的主要器官是叶片，叶片中的叶绿素吸收光能，制造有机物，完成主要光化学反应——光合作用。常绿果树需光量较落叶果树少。猕猴桃、山楂较耐阴。光照充足时，枝叶生长健壮，增强树体的生理活动，改善树体的营养状况，提高果实产量和品质，增进果实色、香、味，提高果实耐贮藏性。光照不足时，对根系有明显的抑制作用，其表现是根的生长量减少，发根数量也减少甚至根停止生长。

三、果树与水分的关系

水是果树生存的必要因子，是组成树体的重要成分。果树枝、叶、根的含水量占50%左右，果实的含水量占80%以上。水也是果树进行光合作用、蒸腾作用、矿质营养吸收所不可缺少的。光合作用每生产1kg光合产物，蒸腾300~800kg水。果树在生育过程中需要适量供水，才能维持正常的生命活动。水分过多或不足都对果树不利。一般土壤水分应保持田间最大持水量的60%~80%，这样最有利于果树生长。

（一）树体水分平衡和需水量

所谓水分平衡是指果树的蒸腾量和吸水量相近时的状态。水分平衡是果树生长发育的基础，是进行水分管理的科学依据。不论幼树还是结果树，各器官的含水量是不相同的，一般是处于生长最活跃的器官和组织中的水分含量较多，但对果树整体来说，应在果树生长发育的各个阶段，始终保持着相对的水分平衡状态。

果树在生长季的蒸腾量与其所生成的干物质的质量比称为需水量，一般以形成干物质所需的水量表示。果树的需水量随树种、土壤类型、气候条件及栽培管理水平等不同而有差异。

各种果树对水分的要求不同，因而有抗旱和耐涝的区别。

抗旱力强的树种常见的有桃、杏、石榴、枣、核桃等，抗旱力中等的有苹果、梨、柿、樱桃和李等，抗旱力弱的有草莓、香蕉等。

耐涝力强的有枣、葡萄、穗醋栗、梨和山核桃等，耐涝力中等的有苹果、李、杏等，最不耐涝的是桃、无花果。

（二）年周期中果树对水分的需求

在一年中果树各个物候期对水分的需求不同。生长在北方的落叶果树在春季萌芽前，树体需要一定的水分才能萌芽。如春季干旱，水分不足，常影响果树萌芽，故春季灌水对果树生长发育十分有利。花期空气相对湿度小，使柱头上的分泌物容易干燥，影响授粉受精。新梢生长期气温上升快，枝、叶旺长，需水量最多，此期是果树需水的临界期。花芽分化期需水相对较少，此期正是雨季，一般来说不用灌水。果实发育期需要适量的水分，水分过多易造成裂果或果实受病害，影响品质和产量。秋季多雨，枝条生长不充实，影响越冬。冬季水分不足，果树枝干容易发生冻伤。春季风大，树体内水分不足，会造成抽条现象。

综上所述，要根据果树各物候期对水分的需要，以及当地的气候条件，对果树适时灌水和排水，从而得到高产优质的果实。

第三节　果树栽培基本技术

一、品种选择

要搞好果树栽培，取得较好的经济效益，首先要有优良品种。如果品种不好，栽培管理再好，也不能生产出优质果品，这是品种的遗传特性所决定的。由于果树的种类繁多，这里仅重点介绍部分优良品种发展的趋势和特点。

1. 果树树种要配置合理，并注意名、特、优树种的发展

我国苹果、柑橘和梨三大果树栽培面积占到果树总面积的67%，这个比例太大，应当适当调整。调整时，可以压缩鲜食品种而增加加工品种，并适当扩大樱桃、杏、李、石榴、葡萄等果树的栽培面积。特别应发展各地的名、特、优产品，例如荔枝、龙眼、枇杷、杨梅和香榧等我国的特种果树。

2. 实生繁殖果树要加速实现良种化

有些果树，以前主要是用种子繁殖，后代在品质等性状上有严重分离。例如，在20世纪60年代，华北地区大力发展新疆核桃，从新疆采种进行播种。实生苗栽培几年以后表现出严重分离，几乎每一棵都不一样。应通过嫁接繁殖，使核桃实现良种化。

我国南方的热带果树，有不少也是采用实生繁殖的。例如，木菠萝和橄榄等树种，必须加速实现优种化。这样，可很快提高其果品的品质。

3. 发展名、特、优乡土品种

科学引种，特别是引进国外的优良品种，达到果品良种化，是提高果品质量的重要途径。我国是一个果树资源丰富的国家，很多果树起源于中国而后发展到全世界，这是毋庸置疑的事实。必须重视我国的名、特、优乡土品种，充分利用丰富的果树资源基因库，采用高新生物技术，进一步开展研究，对原有的名、优、特乡土品种加以改造和提高，选育新的品种，满足本国及世界各个方面的需求。

二、苗木培育

良种壮苗是果树早产、丰产、优质的前提。为了培育根系发达、生长健壮的优质果苗，在掌握好育苗技术的同时，还应做好育苗地的选择。一般以土层深厚、疏松肥沃、有机质丰富的中性或微酸性土壤为好，同时还要求育苗地的排灌条件良好。

（一）实生苗的培育

1. 实生苗的特点和应用

凡用种子繁殖的果树苗木称为实生苗。其特点是培育方法简单，繁殖系数高，适于大量繁殖，苗木对环境适应性强，根系发达，寿命长，产量高，但变异性大，商品性差，结果迟。因此，在生产上常用海棠、杜梨、秋子梨、山桃、山杏、山定子等实生苗作砧木，以繁殖嫁接苗。

2. 种子的采集和层积处理

（1）种子的采集

采集种子时，要求品种纯正、无病虫害、充分成熟、籽粒饱满，无混杂的种子。要获得优质纯正的种子，必须做到以下几个方面：①选择优良母树：实践证明，生长健壮、品种纯正的成年母树所产生的种子充实饱满，其苗木对环境的适应性强，生长健壮，发育良好。②适时采收：采种用的果实必须在充分成熟时才能采收。③取种方法：从果实中取种要根据果实的特点而定。果肉无利用价值的多用堆沤法取种，如君迁子、杜梨等。板栗采收后怕干燥，堆放过程中要适当洒水。果肉可利用的结合加工取种。

（2）层积处理

春播种子须进行层积处理，秋播种子可在土壤中通过休眠阶段，无须层积处理。

种子量少时，可用木箱或瓦盆做容器；种子量多时，可在室外选地势高燥而背阳处挖沟，沟的深、宽各 50～60cm，长度不定，沟底先铺 5cm 厚的湿沙，再把湿沙与种子按特定比例混合或分层放入沟内，放至距地面 10cm 左右时，上部填入纯沙，盖上一层席子，再覆土 10～20cm，并做成屋脊形以利排水。为了便于通气，埋土时要隔一定距离插埋一个秫秸把。

层积天数因树种及种子形状而异。一般来说，种子大而种皮厚的时间宜长，如桃、山楂等；反之，种子小而种皮薄的时间宜短。层积开始的时间以该种果树种子的层积天数和春季播种时间而定。

注意的问题：①层积之前，必须去除杂物，洗净烂果，防止其成为热源，造成种子霉烂。②落叶果树种子层积最适温度为 2～7℃。③沙的用量：小粒种子，是种子量的 3～5 倍；大粒种子，是种子量的 5～10 倍。④沙的湿度以手握成团，但不滴水，一触即散为准。⑤在层积期间还应经常翻动，以调节各部位的温度、湿度和通气状况，使它们所处的层积条件一致。

3. 播种

（1）整地深翻熟化，施足基肥，整平耙细，做畦备播。地势低用高畦，地势高用低畦，畦面要平整以利于排灌。

（2）播种时间分春播和秋播。春播在早春土壤解冻后进行。秋播在土壤封冻前进行。秋播出苗早、长势快，同时可以省去层积处理的工序，在冬季能保持土壤湿润的情况下秋播为好。

（3）播种方法。有撒播、点播和条播三种。多用条播，即按一定的行距开沟播种的方法。

（4）播种深度。播种深度因种子大小、气候条件和土质而异，一般覆土厚度以种子横径的 2～4 倍为好。干燥地区比湿润地区深，秋冬播比春夏播深，沙土、沙壤土比黏土深。根据生产实践归纳如下：草莓、无花果等播后只需稍加镇压或筛以微薄细沙土以不见种子即可；山定子覆土在 1cm 以内；海棠果、杜梨、葡萄、君迁子等覆土 2～3cm；核桃等为 5～6cm。

4. 实生苗的管理

（1）播后灌水和覆盖。出苗前切忌漫灌，土壤过干可洒水增墒。5 月份结合灌水每亩追施尿素 15kg 左右。

（2）间苗、定苗。幼苗长出 2~3 片真叶时可以间苗。间苗要早并分期进行，小粒种子（山定子、杜梨等）株距 7~8cm，大粒种子（板栗、核桃等）株距 18~24cm。

（3）灌定根水、摘心。定苗后及时灌定根水，保持湿度，勤中耕除草，勤追肥。若是培育嫁接苗用的砧木，为满足嫁接需要，促进砧木加粗，可于苗高 30~40cm，即嫁接前 20 天左右进行摘心增粗以利于嫁接。同时，注意防治病虫害。

（二）嫁接苗的培育

通过嫁接技术将优良品种植株上的枝或芽接到另一植株上，长成一个新的植株称为嫁接苗。用作嫁接的枝或芽称接穗，承受接穗的部分叫砧木。

1. 嫁接苗的特点

嫁接苗具有保持原品种的良种性、实现早期丰产、促使果树矮化的特点充分利用野生果树资源，提高果树的适应性，增加抗寒、抗旱、抗涝、抗盐碱、抗病虫害的能力，如苹果树用山定子作砧木可提高抗旱性，用海棠作砧木能抗涝和减轻黄叶病等。

2. 嫁接成活的原理及其影响因素

（1）嫁接成活的原理

嫁接后砧木和接穗伤口处产生的创伤激素，刺激形成层细胞、髓射线和韧皮部薄壁细胞进行分裂形成愈伤组织，然后进一步分化出新的输导组织，形成新的植株。所以说嫁接成活的关键是砧、穗之间能否长出足够的愈伤组织，并分化出输导组织。

（2）影响嫁接成活的因素

①砧木和接穗的亲和力及其活跃状态：亲和力是指砧木和接穗通过嫁接愈合并能良好生长的能力。亲和力的大小和砧、穗之间的内部组织结构，生理和遗传特性的差异程度有关。差异越小，亲和力越强，嫁接后越容易成活；相反，差异越大，亲和力越弱，嫁接后越不易成活。一般来说，亲缘越近亲和力越强，同品种或同种之间的亲和力最强，嫁接最易成活。另外，嫁接时要求砧木和接穗的形成层都处于活跃状态，易离皮则易成活。

②砧木和接穗质量：由于形成愈伤组织需要一定养分，因此，凡是砧、穗贮藏较多养分的都容易成活，嫁接时宜选用生长充实的枝条作接穗，在一个接穗上也宜选用充实部位的芽或枝段进行嫁接。

③环境条件：嫁接成败还和气温、土温、湿度、光照等条件有关。温度以 20~25℃为宜，温度过高或过低，愈合均会缓慢，甚至会引起细胞的损伤或愈伤组织死亡。保持一定的空气湿度能促进愈伤组织的形成，接口湿度尤其重要，在愈伤组织表面保持一层水膜，

对愈合组织的大量形成有促进作用。光线的强弱与成活率也有一定的关系，强光抑制愈伤组织形成，弱光促进其形成。

④嫁接技术：嫁接技术的熟练程度直接影响嫁接后的成活率，嫁接时要求快、平、准、齐，就是这个道理。快就是尽量缩短操作时间，减少氧化层的形成；平指削面要平滑，使砧、穗密合；准和齐是指二者的形成层要对准对齐，使它们的愈伤组织最大限度地融合。影响嫁接成活的因素很多。从形成层活动到形成愈伤组织，再分化出输导组织，最后嫁接成活，这是内因；砧木、接穗有亲和力并有生活力，这是嫁接成活的基础；适宜的嫁接时期、湿度、温度、光照以及良好的嫁接技术是外因。内因是基础，外因是条件，只有二者有机地结合，才能达到嫁接成活的目的。

3. 砧木、接穗的选择和贮藏

（1）砧木的选择应满足下列条件

①与接穗的亲和力强。

②对接穗的生长和结果影响良好，如生长健壮、丰产长寿等。

③对栽培地区的条件适应性强。

④易于大量繁殖。

⑤具有特殊需要的性状，如矮化性、抗性等。

（2）接穗的选择、贮藏

选择健壮的优良种树树冠外围生长充实、芽体饱满的无病虫害枝条。接穗分为休眠期不带叶的接穗和生长期带叶的接穗，所以，应采用不同的方法贮藏。前者结合冬剪收集健壮的一年生枝条进行沙藏，春季使用；后者最好随采随用，采下后要立即把它的叶片剪掉，只留部分叶柄，放在阴凉处保湿备用，如用湿布包住放入地窖或吊在井中的水面上。

4. 嫁接

（1）嫁接时期

分春季嫁接和生长期嫁接。春季嫁接从树液流动到萌发前后，生长期嫁接多在6-9月。前者以枝接为主，后者以芽接为主。

（2）嫁接的方法

按接穗的不同，主要分为枝接和芽接两种方法。

枝接：用枝条作接穗进行嫁接叫枝接。常用的方法有：

①插皮接（皮下接）：在砧木上选光滑无痕处锯断，纵切皮层，切口长2.5cm左右，再将接穗削一个4~5cm长的斜面，切削时先将刀横切入木质部约1/2处，而后向前斜削到先端，再在接穗的背面削一个小斜面，并把下端削尖。这时将砧木皮层向两边微撬，然

后将削好的接穗大削面对着木质部插入砧木皮内，用塑料条绑紧、绑严。

②切接：将砧木在离地约5cm处剪断，从砧木横切面1/4～1/5处纵切一刀，深度约3cm，再把接穗削成一个长约4cm的大斜面，再在背面削一个马蹄形的长1～2cm的小斜面，削面上部剪留2~4个芽，然后将长削面向里垂直插入砧木切口，使砧穗形成层对齐，最后用塑料条绑扎。

③劈接：将砧木在树皮通直无节疤处锯断，削平伤口。用劈接刀从断面中间劈开，深达3cm以上，接穗留2~4个芽，在它的下部左右各削一刀成楔形，然后用铁钎子或螺丝刀将砧木劈口撬开，把接穗的形成层对准砧木的形成层插入，使接穗削面上部露白0.5cm以利于伤口愈合，再用塑料条包扎。

另外，果树枝干因腐烂病、冻害或机械损伤造成皮部缺损时，多用桥接方法补救。

芽接：用芽片作接穗进行嫁接叫芽接。常用的方法有：

①“T”字形芽接：它方法简单，容易掌握，速度快，成活率高，从5月中旬到9月下旬均可进行。具体方法：在接穗上预取芽的上方1cm处先横切一刀，深达木质部，然后在芽下1.5cm处用刀向上斜削至横切口处，用手捏住接芽一掰即可取下芽片，随即在砧木距地面5～10cm处切一“T”字形切口，用芽接刀柄尖把接口挑开，将芽片由上向下轻轻推入，使芽片向上同“T”形横切口对齐，最后用塑料薄膜绑紧。生产上常用先切砧木、再取芽片、然后插入芽片的顺序进行，减少芽片的暴露时间，提高成活率。

②嵌芽接：也是一个常用的嫁接方法，特别是对于枣、栗等枝梢具有棱角或沟纹的树种使用更多。削取接芽时倒持接穗，先从芽的上方向下斜削一刀，长2cm左右，随后在芽的下方稍斜切入木质部，长约0.6cm，取下芽片。砧木切口的方法与削接芽相似，但比接芽稍长，插入芽片后应注意芽片上端必须露出一线宽窄的砧木皮层，然后绑扎。

实践证明，柿子在4月中旬，大枣在5月下旬至6月中旬，板栗在果实成熟期，核桃在谷雨前后进行芽接，成活率比较高。

（三）自根苗的培育

1. 自根苗木的特点及应用

自根苗是指采用扦插、压条、分株等无性繁殖方法获得的苗木，因此又称无性生殖苗或营养繁殖苗。其根系是由不定根发育而来的。

自根苗没有主根，也没有真正的根茎。其特点是变异小，能保持母株的优良特性，进入结果期较早，一般根系较浅，寿命较短，繁殖方法简单等。自根苗可直接用作果苗，如葡萄、无花果、石榴用扦插繁殖；枣、石榴、草莓用分株繁殖。另外，也可作砧木，山楂、李、梨等用根蘖苗作砧木；苹果、洋梨的矮化砧用压条和扦插繁殖。

2. 自根苗的繁殖方法

（1）扦插繁殖

扦插繁殖是用果树的枝条或根进行扦插，使其生根或萌芽抽枝，长成为新的植株。所以扦插繁殖又可分为枝插和根插两种。

①枝插

结合冬剪采集生长充实、芽体饱满、完全成熟的一年生枝作插条。标明品种并进行沙藏，方法同种子沙藏。第二年春天表土（10～20cm 处）温度稳定在 10℃以上开始扦插。首先把枝条剪成长 10～15cm、具有 1～3 个芽的枝段，上端剪口在芽上 2～3cm 剪成平口，下端在节下斜剪呈马耳形。然后扦插，插后要灌水覆土使土壤与插条密接。

②根插

一般容易发生根蘖的果树，如苹果、梨、枣等常用根插，时间一般在秋季或早春。根条宜稍粗大、长为 10～15cm 的根段，上端剪口平，浅埋于地面以下即可。

（2）压条繁殖

压条繁殖是在枝条不与母株分离的状态下压入土中，使压入部位抽枝生根，然后再剪离母株成为独立新植株的繁殖方法。

①直立压条（培土压条）

冬季或早春萌芽前在离地面 20cm 处剪断，促使发生多数新梢，待新梢长到 20cm 以上时，将基部环剥或刻伤并培土使其生根。培土高度约为新梢高度的一半，当新梢长到 40cm 左右时进行第二次培土。秋末扒开土堆，从新根下剪离母株即成新的植株。如繁殖苹果、梨的矮化砧及石榴、无花果等多用此法。

②曲枝压条

将母株枝条中下部弯曲在坑中，深 10cm 左右，在需要发根部位刻伤后埋土，生根后与母株分离。如繁殖葡萄、猕猴桃、苹果、梨的矮化砧苗等多用此法。

③水平压条

将母株枝蔓压入 10cm 左右的浅沟内，用枝杈固定，顶梢露出地面。等各节上长出新梢后，再从基部培土使新梢基部生根，然后切离母株。如繁殖葡萄和苹果矮化砧苗多用此法。

④空中压条

春季 4 月选一到两年生枝条，在需生根部位环剥或刻伤，然后用塑料布卷成筒套在刻伤部位，先将塑料筒下端绑紧，筒内装松软肥沃的培养土，上口绑紧，等生根以后和母株分离成苗。可用于生根较难的苹果、梨等。

（3）分株繁殖法

利用母株根蘖、匍匐茎等营养器官，在自然状况下生根后分离栽植的叫分株法。

常用的有以下两种方法：

①根蘖分株法

在休眠期或萌发前将母株树冠外围部分骨干根切断或刻伤，生长期加强肥水管理，促使生长和发根，秋季或翌春挖出分离栽植。如山楂、山定子、枣等常用此法。

②匍匐茎分株法

主要用于草莓。草莓地下茎上的腋芽在形成的当年就能萌发成为匍匐在地面的匍匐茎，在其节上发生叶簇和芽，下部生根长成一幼株，夏末秋初将幼株挖出即可栽植。

（四）苗木出圃

苗木出圃是育苗工作的最后一环，也是一个重要的环节。出圃准备工作充足与否、出圃技术的好坏，直接影响苗木质量、定植成活率及幼树的生长，以至影响整个果园的经济效益。因此，苗木出圃必须遵循一定的规格和原则。出圃包括起苗、修剪、分级、检疫、消毒、假植、包装运输等。

1. 起苗、修剪

适期起苗，依果树种类及地区不同而异。落叶果树起苗时间多在秋季苗木落叶前后进行。其先后可根据苗木停止生长的早晚来定。桃、梨等苗木停止生长较早，可先起；苹果、葡萄等苗木停止生长较晚，可迟起；亟须栽植或外运的苗木也可先起；就地栽种或明春栽植的苗木可后起。起苗时，若土壤过干应充分灌水，为避免伤根应深起25~30cm，并对根系进行适当修剪。

2. 选苗分级

不同地区和不同气候条件对各种树种、品种出圃苗木所要求的规格虽不同，但基本要求是品种纯正，砧木适宜，地上部枝条健壮、充实，具有一定高度和粗度。如苹果、梨苗的茎干高度达100~120cm，粗度为0.8~1cm，芽体饱满，根系发达，主、侧根6条以上，须根多，断根少，无严重的病虫害及机械损伤，嫁接苗接合部愈合良好。

3. 苗木的检疫与消毒

苗木检疫是防止病虫害传播的有效措施，对果树新发展地区尤为重要。苗木出圃应严格检疫，它是果树生产顺利进行的基础。苗木在包装前应经国家检疫机关或指定的专业人员检疫，然后发给检疫证。苗圃工作者及其他有关人员必须遵守检疫条例，严禁引种带有检疫对象病虫害的苗木。

常用的苗木消毒方法：用 3~5 波美度石硫合剂喷洒或浸根 10~20min，然后用清水冲洗根部。数量少时，可用 0.1%升汞液浸 20min，然后水洗 1~2 次；或用 1：1：100 波尔多液浸 10~20min，再用清水冲洗根部。

4. 苗木假植

苗木不能及时外运或栽植时，必须假植。假植要在地势平坦且避风不积水处挖假植沟，沟深约 50cm，沟宽 1m 左右，沟长视苗木多少而定，东西延长开沟，将苗木梢部向南倾斜放入，根部用湿沙填充。嫁接苗培土深达苗高的 1/2，严寒地区要求培土到定干高度（70cm 以上），较矮小者可全埋上沙土。覆土后应高出地面 10~15cm，并整平以利排水。

5. 苗木包装运输

苗木经检疫消毒即可包装待运。包装材料以价廉质优、坚韧、能吸足水分保持湿度而又不致迅速霉烂、发热、破散者为好，如草帘、草袋、蒲包等。绑缚材料可用草绳、麻绳等，包装时大苗根部向下一侧用草帘包住，小苗则根对根摆放，然后用湿草绳绑扎。每包株数根据苗木大小而定，一般为 20~100 株。包好后挂上标签，注明树种、品种、数量和等级。

第二章　苹果栽培技术

第一节　土壤管理技术

一、幼龄果园土壤管理

（一）深翻改土

土壤实施深翻改土是促进果树快长树、早结果的关键措施。果树定植后，用四至五年时间采用扩穴深翻方法逐步对全园土壤深翻，深度60~80cm。通过深翻改土，增加活土层厚度，提高土壤通透性，改良土壤理化性状，加强微生物活动，提高土壤肥力，为果树根系生长创造一个良好的环境，达到“根深叶茂”的目的。

深翻改土在秋季，最好同时施入基肥，这时深翻有利于伤根愈合和促发新根；深翻改土时，注意将活土层与混合施入的有机质、粉碎的有机物秸秆等填入底部，死土还原到表层，以利改良土壤。全园深翻一次后，果树进入结果期后再不宜深翻。

（二）合理间作

幼龄果园株间、行间空间较大，为了增加果园前期效益，达到“以短补长”的目的，可合理间作。间作物应选择生长期短，株体低矮，不与果树争水、争肥的豆类、薯类以及瓜果蔬菜，杜绝种植高秆的玉米、小麦及油料作物。二至四年生间作比分别控制在70%、50%、20%，五年生以上园内不得种植任何作物。

二、结果果园土壤管理

传统果园的土壤管理模式一般为“清耕制”，即强调果园土壤每年深翻1~2次，中耕数次，并要求园内无杂草，这样，既费工、费时又不利于培肥地力。因此，为了从根本上解决结果果园有机肥不足、地面蒸发量大、土壤管理费工的实际问题，对土壤地面管理应改“清耕制”为“免耕覆盖制”。依据静宁县自然特点和多年积累的经验，主要覆盖模式有：

（一）覆沙

果园覆沙能有效减少土壤水分蒸发，提高地温，保持土壤疏松，促进微生物活动，防止杂草丛生，并能增加田间日较差，有利于果树的生长和养分的积累，是静宁县南部苹果主产区传统的覆盖方法。沙田覆盖时间一般在早春，先对土壤进行施肥，然后精细整平地面并适当培实，每亩取干净河沙 20~30m^3，全园覆盖厚度 3~4cm。覆盖后一般可用 3 年左右。在此期间需要施肥时，只需将施肥处的沙层刮开后挖坑施入肥料，整平地面后将沙层还原即可。

（二）秸秆覆盖

在山区无灌水条件的果园推行覆草制，亩用秸秆 1000~1500kg 进行全园覆盖，覆盖厚度 15~20cm，二至三年秸秆充分腐熟后进行深翻还田，再重新覆盖。果园覆草的优点：一是改良土壤，增强肥力，迅速提高土壤有机质含量。覆草层可为土壤微生物活动和生存创造适宜的条件，加速土壤团粒结构的形成，有效地改良土壤，增强肥力。有资料显示，每亩果园覆盖 1000~1500kg 秸秆，相当于施入 2500~3000kg 优质有机肥的效果。二是蓄水保墒，减少土壤水分蒸发。秸秆覆盖后可有效地防止地表水分蒸发，山地在正常年份无须灌水就可以满足树体对水分的要求，川水地果园可减少灌水 2 次。三是调节地温，促进根系生长。覆草园比裸露果园在炎热夏季地温低 4℃以上。寒冷的冬季，地温比裸露果园高 3℃以上，可有效减轻表土层根系的灼伤和冻害，延长根系的活动期，增强果树安全越冬能力。四是能有效防除杂草。五是减小劳动强度。

（三）果园生草

果园生草指人为在果树行间播种白三叶等浅根性草种，或利用果园内自然生成的浅根性无害杂草对果园土壤进行覆盖。果园生草方式以行间生草为最好，树盘下不宜种草，而以客草为主，种草时间以早春顶凌播种为最好，白三叶亩播量一般控制在 0.5~0.7kg，深度宜浅不宜深，通常以 1cm 以下为宜。撒播、开沟播均可。当草长到 20~30cm 时，及时刈割，并覆盖树盘或用于养畜，畜粪还田。生草果园具有提高土壤有机质和土壤有效养分含量、防止水土流失、减少地面蒸发、避免土壤板结、调节土壤温度、促进果树健壮生长的作用，同时能有效改善果园小气候环境，为有益生物繁衍生息提供良好条件，维持果园生态平衡，减少化学防治次数。

（四）地膜覆盖

果园内地膜覆盖是近几年国内外土壤管理的一项新技术。结果果园覆膜一般选用黑色地膜，覆盖时间以秋季、早春为宜。覆盖前结合施肥做垄整地，即以树行为中心，做高20cm、宽2.5~3.0m的土垄，垄面整平并适当拍实，然后覆膜。果园用黑色地膜覆盖有以下优点：一是充分发挥地膜的保水、增温、防板结作用，改良土壤理化性状，创造根系生长的良好环境。黑色地膜能提高地温0.5~4℃，增温幅度较白色地膜小1.5~6℃，但20cm土壤温度变幅较小，是一个稳定的土壤温度。据浙江农业大学调查，覆盖后根系的吸收根和细根总量较对照增加1.5~2倍；叶片厚度较对照增长5%~10%，百叶重增加4%~10%，产量提高37.1%~49.9%，单果重提高24%~42%。二是有效防除杂草，减小劳动强度。黑色地膜俗称除草膜，因其透光性差，覆盖后杂草因得不到必需的光照条件而逐渐枯萎死亡。从而在果园土壤管理中不需要进行多次中耕除草，大大减轻了劳动强度。三是减少灌水量和灌水次数。由于减少了地表水的蒸发，提高了自然降水的利用率，一般可减少灌水75%以上。据测定，覆膜的比未覆膜的土壤含水率高5个百分点，相当于增加了50mm左右的天然降水。四是利用地膜的集雨场作用，变无效的自然降水为有效降水，使降水集中于有效根群区，达到了肥水的高度耦合，提高了肥水的利用率。通过地膜覆盖技术的应用，可以一揽子解决果园土壤管理中存在的诸多问题，达到一举多得、事半功倍的效果。

第二节 果园施肥技术

一、苹果树的需肥规律

（一）生育周期需肥规律

果树在一生中经历营养生长、结果、衰老和更新的不同阶段，在不同阶段中果树有其特殊的生理特点和营养要求，在幼树期（一至三年生）果树以营养生长为主，其主要目的是迅速完成树冠和根系骨架的发育。因此对氮素营养的需求量最大，在施肥上应侧重氮素营养的施入，促进其快长树，适当补充磷肥、钾肥，促进枝条成熟，安全越冬。初结果树（四至八年）此时是营养生长向生殖生长的转变期，为了促进由长树向结果的转化，在施肥上应注重磷肥、钾肥的使用，控制氮肥的施入量，以免造成树体徒长、旺长，使其不能适时丰产。盛果期树（九至十年后）已稳定进入丰产期，此时的生物产量最大，因此对各种营养元素的需求量都很大，故应在施肥时注重各种营养元素足量、均衡地供给，除施入大量元素外，还应注意补充一定量的中、微量元素。

（二）年周期需肥规律

春季萌芽至春梢停长前是一年中树体营养器官的建成期，萌芽、长叶、开花、坐果、成枝都需要大量氮素营养，而此期营养的主要来源是前一年的贮存营养。因此为了保证营养器官的建成，须注意在前一年秋施基肥时施入一定量的氮素营养。早春补氮则达不到促进营养器官建成的目的，容易造成秋梢旺长。春梢停长后，树体进入果实膨大期和花芽分化期，为了保证当年产量和来年花芽的质量、数量，就应注意多种营养的均衡供给，保证果实膨大和花芽分化所需要的各种营养。果实生长后期，为了保证树体的有机营养向贮存器官的积累，促进果实着色和花芽质量，此期在营养的供给上应以磷肥、钾肥为主，尽量控制氮素营养，防止二次生长。

（三）氮、磷、钾及各种微量元素对苹果树生长发育的作用

1. 氮

氮是合成氨基酸不可缺少的元素，能够促进果树营养生长，提高光合作用，改善果树的活力并延长寿命，促进花芽分化，提高坐果率，增大果实，提高产量。氮素不足，则影响蛋白质合成，造成树体营养不良，枝叶生长变弱，叶片变小，叶色变淡，严重时枝条基部叶片黄化，甚至引起落叶和大量落果。氮素太多，易造成树体营养生长过旺，花芽分化不良，落花落果严重，生理病害多，品质差。

2. 磷

磷是形成原生质和细胞核的主要成分，参与果树体内的主要代谢过程，具有贮存和释放能量的功能。合理施磷，能促进花芽分化，提早开花结果，加速果实、种子成熟，提高果实品质，促进根系发育，增强果树抗逆性。磷素不足，则新梢、根系生长减弱，叶片变小，枝叶变为灰绿色，叶脉、叶柄变紫，严重时叶片甚至出现紫色或红色斑块，叶边出现半月形坏死，造成早期落叶；磷含量过高易阻止锌、铜元素的吸收，引起缺锌症、缺铜症。

3. 钾

钾对维持细胞原生质的胶体系统和细胞液的缓冲系统有重要作用，适量施钾肥能促进光合作用，促进新梢成熟，提高抗寒、抗旱、抗高温和抗病能力。钾在果实中含量最多，

能肥大果实，促进成熟，提高含糖量，增进色泽，提高品质。钾量不足，会造成新梢生长细弱，果小、着色不良、品质下降。严重缺钾时，易引起叶片从边缘向内焦枯或向下反卷枯死；钾素过多，影响镁、锌、铁的吸收，造成果树缺镁症等。

4. 钙

钙是细胞壁的组成成分，能促进幼根、幼茎生长和根毛的形成。果树缺钙，根粗短弯曲，短暂生长后由根尖回枯。地上部新梢生长受阻，叶片变小，有退绿现象。严重时叶片出现坏死组织，枝条枯死，花朵萎缩。由于钙在树体内不易移动和不能再度利用，因此缺钙首先危害幼嫩组织。苹果果实含钙量低，容易衰老，贮藏力下降，并容易产生多种生理病害。资料表明，苹果果实的苦痘病、软木栓病、痘斑病、心腐病、水心病、裂果等都与果实含钙量低有关，特别在高氮低钙的情况下更易发病。由于钙只能在四至五周内运进果实，因此，果实缺钙病比较多见。含钙量过高，影响铁吸收，使果树产生缺铁现象。

5. 铁

铁对叶绿素的形成有促进作用，而且是维持叶绿体功能的物理性状所必需的。果树缺铁，首先是影响叶绿素的形成，产生黄叶病。生长初期病变尚不明显，至新梢生长迅速期失绿严重。由于铁在植物内不易移动，所以缺铁后幼叶最先出现病症，叶脉间呈黄绿色，与缺氮引起的黄叶有别。缺铁严重时，叶脉也变成黄绿色，叶边发褐并出现枯斑，最后叶子枯死脱落。发病时，树势衰弱，花芽形成不良。

6. 硼

硼在花器中含量较多，对花粉发芽、花粉管伸长和受精都有促进作用，能提高坐果率。硼能帮助钙向果实运转，提高果实维生素和糖的含量，增进品质。同时，硼能影响分生组织和细胞分化过程。苹果树缺硼会使根、茎生长都受到损害。严重时，新梢前端枯萎，叶片变色或畸形，出现“枯梢”“簇叶”“扫帚枝”等现象，果实出现缩果病。但含硼量过高，会促进果实成熟并增加落果。

7. 锌

缺锌时，枝、叶、果实停止生长或萎缩，生长素含量低，细胞吸水少，不能伸长，枝条下部的叶子常出现斑纹或黄化，新梢间节极端叶片狭窄、质脆、小叶簇生，称“小叶病”。病枝上花果少、小、畸形。沙地、盐碱地及瘠薄山地果园缺锌现象普遍，灌水次数多、伤根多、修剪重以及重茬果园或苗圃均易发生缺锌症。

二、苹果园施肥中存在的问题

（一）有机肥肥源短缺，土壤有机质含量低

果园土壤有机质是果品优质、丰产、稳定的基础，但随着苹果产业的异军突起，苹果主产区大田作物面积逐年减少，以农业耕作为主的养殖业逐渐被淘汰，家庭有机肥越来越少，导致土壤有机质含量严重不足，在实际生产中，果园施肥均以工厂有机肥为主，由于其成本高，施肥量远远达不到果树生产的正常需求。

（二）施肥时期的盲目性和随意性

果树需肥具有明显的时效性和选择性，但实际生产中多数果农只重视施肥量，而忽视了施肥的时效性，目前大多数果农由于受农事活动的限制，将秋施基肥推移至土壤封冻前或春季，此期施肥由于根系生长渐弱或刚开始生长，对肥料的转化吸收利用率低，不利于树体营养物质积累或不能及时供给果树所需的营养，导致果树在春季需肥高峰期无肥，后期由于营养过剩而大量冒条旺长，严重影响当年果实品质和来年开花量。

（三）施肥方法不当，深度不合理

主要表现在：一是施肥深度把握不当。施肥过浅（不足 20cm）或过深（超过 50cm），不是造成肥料浪费就是不利于根系吸收，降低了肥料利用率。二是施肥方法不科学。施肥过于集中，往往易产生肥害；过于分散，由于施肥量不足，达不到需肥要求，易造成果树缺肥而影响树势。

（四）肥料单一，偏重施用氮肥

由于农家肥严重不足，果园施肥主要依赖化肥。化肥具有养分含量高、肥效快等特点，但养分单一，且不含有机物，肥效期短，长期单独使用，易使土壤板结，严重影响果树对各种微量元素的吸收，从而导致树体营养失调，叶片大而薄，枝条不能及时停长，花芽形成难，果实着色差、风味淡、贮藏性下降，各种生理病害易发等症状。

（五）叶面喷肥的问题

叶面喷肥是一种高效、快速的施肥方法，因此被广大果农广泛应用。但是有些果农在进行叶面喷施中存在一些不当之处：一是肥料种类选择不当，浓度掌握不准，或高或低易造成肥害；二是没有很好地掌握最佳喷施期，喷施效果不理想。

（六）肥水配套不到位

施肥和灌溉是土壤管理的核心，肥水配套是提高肥料利用率的前提。生产中由于缺乏对水肥一体化的认识，果农只重视施肥，而忽视了水分的管理，大大降低了肥效的发挥，对果品产量和质量造成了很大的影响。

三、施肥的关键技术

（一）施肥原则

1. 以有机肥为主，有机、无机相结合的原则

应坚持以有机肥为主、无机肥为辅、有机无机相结合的原则。根据甘肃省农业科学院林果花卉研究所对静宁县果园土壤取样情况的分析，果园土壤普遍存在有机质缺乏、各种养分含量较低、土壤碱性大和含盐量高等问题，不宜一味增加化肥施用量，尤其偏施氮素化肥，想以此为主来提高果品产量，这样会导致土壤板结、污染、肥料利用率低等现象，同时还会造成果品质量下降。

2. 以复合肥为主、单质肥为辅的原则

施用无机肥料，应逐步由目前注重施用单质肥（主要是含氮化肥），改为施用多元素的复合肥或果树专用肥，有针对性地补充果园土壤中各种营养元素，保持各营养元素间的平衡。

3. 科学施肥和经济有效施肥的原则

要从多年来的盲目施肥或经验施肥，逐步进入到通过计算以产定肥，进而实现精准用肥。即通过对树体和土壤分析诊断，预计产量、土壤天然供肥量以及肥料当年利用率等，算出各种营养元素合理施用的数量和搭配比例。

（二）施肥时期和数量

1. 基肥的施肥时期和数量

基肥是较长时间供给果树多种养分的基础肥料，对果树的正常生长、结果起到关键性的作用。基肥施用时间以 9 月下旬至 10 月上旬为最佳，一般在早熟品种采收后即可施基肥。基肥宜早不宜迟，早施基肥，正值果树根系第三次生长高峰期，伤根容易愈合，施肥即可起到修根促发新根的作用。同时地上部果树新生器官已逐渐停止生长，树体吸收和制造的营养物质以积累贮藏为主，可提高树体贮藏营养水平和细胞浓度，有利于春季萌芽、

开花和新梢生长。基肥以农家肥为主，农家肥不足的可以用工厂有机肥补充，但要求做到"早、足、全、熟、匀"，施肥量约占全年施肥量的80%以上。由于树势及所施肥料种类不同，因此很难确定准确的施肥数量。通常对进入盛果期的果树，亩产在2500~3000kg的果园，一般每年每亩施农家肥2500~5000kg或工厂有机肥300~400kg，配合施用一定量的化学肥，这样才能及时满足周年果树的生长需要。

2. 追肥时期和数量

追肥又叫补肥，当果树急迫需肥时必须及时补充肥料，才能满足果树生长发育的需要。追肥既能给当年壮树、高产、优质提供肥料，又给来年生长结果打下基础，是果树生产中不可缺少的施肥环节。追肥主要以氮肥、磷肥、钾肥为主，其形式有单质肥料、复合肥料和复混肥料。追肥根据不同时期，可分为：

花前追肥（果树萌芽前）。由于果树萌芽开花须消耗大量营养物质，但早春土温较低，吸收根发生较少，吸收能力比较弱，主要消耗树体贮藏养分，若树体营养水平较低，此时氮肥供应不足，易引起大量落花落果，影响营养生长。此期追肥以氮肥为主，水肥一体化施入效果最佳。用量占全年用量的1/3到1/2。

花后追肥（落花后坐果期）。此期施肥可促进幼果迅速生长，新梢生长加速，扩大叶面积，提高光合作用，有利于碳水化合物和蛋白质的形成，减少生理落果。此期追肥可与花前追肥相互补充，如前期施肥量较大，此期可不施肥。

果实膨大期和花芽分化期追肥。此期部分新梢停止生长，花芽开始分化，追肥可提高光合效能，促进养分积累，提高细胞液浓度，有利于果实膨大和花芽分化。以磷肥、钾肥为主，用量占全年用量的1/3到1/2，配合铵态氮，但量不宜过大，以免二次生长，影响花芽分化。

（三）施肥方法

果园常用施肥方法有土壤施肥和根外追肥两种，其中土壤施肥有环状沟施、放射状沟施、条状沟施、穴施、全园撒施等，具体为：

1. 环状沟施法

环状沟施法是在树冠投影外围挖一环状沟，沟深20~50cm、宽20~40cm，环状沟不宜连通，应断开为3~4段，避免伤根过多，影响树势。肥料施入时应与土拌匀分层施入，覆土踏实，土要高出地面，灌水后下沉变平。

2. 放射沟施法

放射沟施法是以主干为中心，向四周挖均匀分布的放射状沟4~8条，沟的外端可达树冠外，沟的内端起点，应根据树冠大小来决定，以主要根群分布区的内侧范围为好，一般距主干 50~100cm。沟的长短、宽窄、深浅，要根据树冠大小、根系分布的宽窄深浅和肥料的多少而定。一般是里端浅窄，外端深宽。通常沟深 30~50cm，沟宽 50~70cm，将肥料与表土拌匀放入，其上覆心土，土要高出地表。用此方法，每年交错位置施入，二至三年轮流施一次肥料。施肥时注意要少伤根，尤其不要切断直径大于 1cm 的大根。

3. 条沟施法

条沟施法是在株间或行间沿树冠外围，挖宽 40~50cm、深 30~50cm 的施肥沟，沟中埋入 20cm 厚的作物秸秆，然后将肥料与土充分混合后施在 20~40cm 的土层中，上层填入底土。若上年在行间施肥，翌年应在株间施肥。如有机肥数量不足，可将肥料分段施入，形成局部肥沃的养分富集区，利于根系生长。

以上不同施肥方法，应根据果园具体情况，酌情选用，生产中一般幼龄果园以环状沟施为主，结果果园及追肥以条状沟施或穴施为主；全园撒施因施入深度过浅，常导致根系上移，降低根系抗逆性，故应少用或不用。不管采取哪种施肥方法，施肥的部位应在树冠外围垂直投影处，施肥深度为 25~40cm。

4. 根外追肥

根外追肥又叫叶面喷肥，就是把肥料配成低浓度溶液，喷到枝、叶、果上。根外追肥是迅速补充营养的有效手段，特别是对微量元素的补充，应采用根外追肥。根外追肥应掌握少量多次的原则，结合每次的病虫害防治，把肥料配到药液中混合施用。

第三节　整形修剪技术

一、整形修剪的原则及理论依据

果树整形修剪虽然是综合管理技术中的一项重要技术，但从来不是孤立静止和永恒不变的，随着生产、科技的发展，以及客观条件和要求的改变，此技术也处在不断革新演变之中。一种好的整形修剪方法，只能在特定的条件下产生积极的效果，而不能在任何条件下，都起到同样的作用。条件和要求变了，整形修剪方法也要相应变长。因此，只有了解和掌握果树的生物学特性、生长环境以及栽培目的，才能够科学合理地进行果树整形修剪。

为此，我们在总结以往整形修剪经验的基础上，本着科学化、简单化、省工化和优质高效的基本要求，针对目前果树修剪中存在的突出问题，提出如下优化修剪理论依据及原则：

（一）因地制宜，随树作形

由于苹果的品种特性、砧木类型、栽培条件、栽植密度及管理措施等诸多因素不尽相同，所以树形模式必须因树种、品种而异，整形修剪过程应视土壤肥力、果树生长势、栽植方式等具体情况，尽量做到维持各部分之间应有的从属关系，随树作形，不可强求。

（二）统筹兼顾，长远规划

整形修剪应兼顾树体生长与结果的关系，既要有长远规划，又要有短期安排。幼树既要安排枝条、配置枝组形成合理的树体结构，又要达到早产、早丰、稳产、优质的目的，使生长、结果两不误。如果只顾眼前利益，片面强调早丰产，就会造成树体结构不良、骨架不牢固，影响后期产量的提高。反之，若片面强调整形而忽视早结果，不利于缓和树势，进而影响早期的经济效益。对于盛果期果树，必须按照其生长结果习性和对光照的要求，适度修剪调整，兼顾果树生长与结果，达到结果适量、营养生长良好、丰产、稳产、品质优良、经济寿命长的目的。

（三）平衡树势，主从分明

关键是处理好竞争枝，使树体内营养物质分配合理，营养生长和生殖生长均衡协调，从而实现壮树、高产、优质的目的。因此，生产中不同级别的骨干枝在粗度上应保持一定差别，主枝与中心干，主枝与主枝，主枝与侧枝，任何一方出现过强或过弱时，在修剪中必须合理调整，使同类枝的生长势大体相同，各级骨干枝保持良好的从属关系，让每一株树都成为生长与结果相协调的整体。

（四）动态管理，灵活适度

目前，早果、早丰、优质、高效是果园管理的目标，以拉代剪、轻剪缓放是最有效的管理手法，但在生产中必须实行动态管理、灵活适度，而不是一成不变，那样会适得其反，达不到预期效果。如幼树为实现早结果、早丰产，前期过早采取缓势措施，既会削弱枝条长势，又会影响分枝和长枝数量，达不到快长树、早成形的目标，因此，生产中必须按整形要求对各主枝先进行重短截，使其促发长枝，为后期轻剪缓放促花创造条件，此措施成为促进果树早成形、早结果的关键措施。结果树要维持结果适量和中庸树势，在修剪中应轻重结合，科学促控，做到及时更新，以新代老，树老枝不老。

（五）简便易行，省工省时

传统的树形修剪模式是重树形，多级次，多主多侧，讲究层次，重冬剪轻夏管，主观上强调通风透光，但实际中级次太多，角度小，树冠大，严重影响光照，加之烦琐的树形培养过程，致使结果迟、品质差、效益低，严重挫伤了果农管园的热情。现阶段在苹果产业由规模扩张型向质量效益型转变提升的过程中，整形修剪应坚持“四季调整”与“综合配套”管理技术措施相结合，最大限度地简化树形模式，优化修剪手法，培养“主枝单轴延伸，结果枝组大、中、小、侧、垂、立的立体结果布局”。

二、整形修剪的时期、方法及作用

苹果树一年中的修剪时期，可分为休眠期修剪（冬季修剪）和生长期修剪。生长期修剪分为春季修剪、夏季修剪和秋季修剪，生产中为提高修剪效果，应改冬季修剪为四季调整修剪。

（一）休眠期修剪方法及作用

从秋季落叶至春季萌芽前进行的修剪即为休眠期修剪（冬季修剪）。由于苹果树枝梢内营养物质的运转，一般在进入休眠期前即开始向下运入茎干和根部，至开春时再由根茎运向枝梢，因此苹果冬季修剪时期以落叶后至春季树液流动前为宜，宜早不宜迟，过迟易削弱树势。其主要方法有短截、回缩、疏枝、缓放。

（二）生长季修剪方法及作用

亦称夏季修剪，指春季萌芽后至秋季落叶前进行的修剪，是在冬季修剪的基础上于生长季节内进行的一种调节技术，目的在于促进幼旺树成花结果，及时调整树体骨架结构，实现冠内通风透光，减少病虫危害，提高果品质量。夏剪的方法主要包括拉枝、刻芽、除萌、疏梢和捋枝等。

三、整形修剪存在的问题及改良技术

（一）树形结构上存在的主要问题

1. 树冠高大

主要表现在因树高冠径超过行距。株与株、行与行交接，遮阳挡光，全园郁闭，果品产量、质量上不去，效益低下。

2. 主枝过低，大枝贴地

由于定干偏低，在传统的整形修剪中，对轻剪长放多留枝理解不当，惜枝修剪，见枝就留，留枝过多，致使下部生长势过强，枝叶过密、过乱，树下无光，施肥、打药等作业不便，地温上不去，肥效难以发挥，营养积累少，成花结果难，果个小，色泽差。

3. 大枝过密

主要表现在主枝过多，均在 12~13 个，有的达到 15 个，并且所留侧枝过大，甚至有双叉枝、三叉枝、轮生枝大量存在，树冠郁闭，主次不分，树形紊乱，光照恶化，内膛空虚，结果部位外移。

4. 树势不均衡、不稳定

由于不能很好地利用正确的修剪手法进行抑强扶弱，恰恰是弱树弱枝越剪越弱，强树强枝越剪越旺，造成树势不均衡、不稳定。

5. 主枝角度小

幼树期不拉枝，任其直立生长，营养生长过旺，成花结果迟，树冠交接快，七至八年后想拉拉不开，又没地方拉，只长柴，不结果。

（二）修剪手法上存在的主要问题

1. 短截技术应用不当

主要表现在对一年生枝条见枝就截，“越剪越冒乱如麻，要想成花是白搭”。由于短截过多，刺激树体营养生长过旺，营养消耗过多，枝条没有缓势成花的机会。

2. 回缩过急过重

主要表现在两年生以上枝条不论成花多少，枝势强弱，见花回缩。回缩过急是指对当年成花枝条就见花回缩，由于枝势偏旺，回缩后果苔枝萌发得既多又长，造成大量冒条；回缩过重是指对串花枝回缩一半以上，往往缩掉了前部饱满花芽。须留 2~3 个果，就只留 3~4 个花芽处剪，而不是在枝条的前部、中部、后部等距离留果，并且回缩掉了大量的短果枝上的功能叶片，不利于有机营养的合成。

3. 夏剪技术失误

主要表现在：摘心、扭梢多，拉枝、开角少，环割、环剥技术乱用，对永久树主干环割、环剥，造成树势衰弱，难以达到长期稳产、优质的目的。

4. 结果枝组选培不当

主要表现在：仍然沿用传统手法，进行“先截后放”或“先放后缩”的办法，容易造成长树快，成花晚，缩后树势不稳定，难以培养成“疏松下垂、细长”的结果枝组。

（三）改良修剪技术

针对以上存在的问题，结合静宁苹果生产实际和近年来的成功经验，对3m×4m亩栽55株的中密度果园，在树形改良与修剪手法上，提出以下几项措施：

树形结构方面，对丰产园应采取“间伐、疏枝、开角、提干、落头”五项措施。

1. 间伐

对于通过落头、提干、疏枝后仍然郁闭的果园，则确定永久株与临时株进行逐年或一次间伐，对具有利用价值、对永久株影响较小的临时株，可通过疏枝、落头、提干，逐年缩小缩扁，给永久株让路，直至间伐。对于全园过于郁闭、树冠交接严重的果园，进行一次性间伐。

2. 疏枝

疏枝主要是疏除过密的重叠枝、交叉枝、长势强旺的直立大枝以及侧枝、多头枝。对进入初果期的树，主枝要控制在10个左右，并开始选好落头枝进行培养，疏除顶部多余大枝，削弱主头生长势，让其单轴延伸，做好落头准备。同侧主枝间距保持在80cm以上，并疏除主枝上的侧枝，背上强旺枝，使其单轴延伸。

3. 开角

开张各级、各类枝条的生长角度是目前苹果修剪中最常用的修剪手法。对各主枝角度一律拉成80°~90°，对结果枝组拉成水平或下垂，缓和树势，增加光照，提高有机营养并转移到成花结果上来。开张角度强调一个“早”字。对幼龄果园或初果园的各级骨干枝，应在主枝枝展范围达到80~100cm时及时开角，对临时枝、结果枝应在生长前期及早改变生长方向，避免长成强旺枝或徒长枝，及早转化成健壮结果枝。对已成形的结果园，主枝角度过小的，也要采取“连三锯”等强拉措施开张角度，以缓和生长势，转化成长势稳定、强健的结果枝。

4. 提干

对主枝低于50cm，下部光照恶化，寄生枝为主，成花少、质量差的主枝进行疏除，抬高主干。一般根据本园密度与该株枝量，可疏除1~3个，使干高达到80~100cm，减少营养无谓消耗，集中营养，供优势部位结果。

5. 落头

落头一般对盛果期树而言。当进入盛果期后，树势开始稳定，树冠又偏高，高于4m

或大于行距，既影响本株树体光照，又影响邻株邻行通风透光，造成全园郁闭，应降低高度，选择西北方向，枝势较好的主枝进行落头。树高控制在3m左右，改善通风透光条件，提高果实品质，便于操作，降低无效消耗。

在修剪手法方面，应立即纠正传统的见枝短截、见花回缩、戴帽剪等不利于成花结果的修剪措施。

冬剪时以疏为主，疏除多余主枝，过大侧枝、背上直立旺长枝及双叉枝、三叉枝，使主枝单轴延伸。疏除过密细弱串花枝，不短截、不戴帽、迟回缩，大、中、小型结果枝组合理搭配。大型结果枝组间距60cm为宜，中型结果枝组间距40cm为宜，小型结果枝组间距20cm为宜。并改冬剪为主为四季修剪：冬疏枝、春抹芽除萌、夏调梢（调整枝梢密度、方向）、秋开角，通过以上技术手法的综合应用，并培养疏松、细长、下垂的结果枝组，呈珠帘式挂果，使10年生左右的盛果期树主枝数量控制在7~8个，树高3m左右，有主无侧，单轴延伸，通风透光好，营养积累多，稳产丰产性强，优果率高。

第四节　花果管理技术

一、疏花疏果技术

疏花疏果是实现优质、稳产的主要措施。正确地应用疏花疏果技术，可减少果树贮藏养分的无效消耗，调节果树营养的供需矛盾，促进来年的花芽数量和质量。增进当年果品品质，达到稳产、优质、高效的目的。

（一）留果（花）量的确定

1. 按亩留果法

盛果期果园亩产量控制在2500~3000kg，每kg按4~5个果计算，每亩留10 000个左右，再加上20%的保险系数，每亩总果量为12 000~15 000个，如亩栽55株的果园，每株留果量为200~250个。

2. 按间距留果

即在疏花疏果时按25cm左右的间距留一果，此法简单易行，容易掌握。

（二）疏花疏果的方法

疏花疏果要坚持疏早、疏小、先序后朵再定果的原则，规范疏花定果技术。一般需要经过休眠期疏枝、花序分离期疏序、花期疏朵、坐果后定果四次完成。在疏花疏果上要注意克服两个倾向：一是怕冻不疏的倾向，通过早疏，可减少养分的消耗，提高花朵的抗冻能力，也是防冻保花措施；二是一步到位的倾向，有些农民怕麻烦，疏花时一次到位，一序一花，均留同一类型的花朵，很不利于防冻。当冻害发生时，就有可能“全军覆没”。

1. 休眠期疏枝

根据留果量，对多余的串花枝、过密的临时结果枝，特别是对细弱果枝，进行及时疏除，减少花量，节约养分。

2. 花序分离期疏序

在4月中旬花序分离期，按间距留序，一次性疏除多余花序，对花序要从花梗处一次疏除。注意在疏序时，只疏除花序，不疏除果苔，以促使果苔副梢萌发、成花，达到以花换花的目的。

3. 花期疏朵

疏序后紧接着进行疏朵，每序留2~3朵，其余一次疏除，苹果花应以中心花为主。

4. 坐果后定果

一般在花后两周进行定果，这时由于授粉不良等因素造成的落果已开始脱落，可选留果形端正、发育良好的中心果，每序一果，对畸形果、病虫果及疏花时多留的果全部疏除，在留果时，根据树体强弱情况适当调整，即强枝多留、弱枝少留；顶花芽多留、腋花芽不留或少留；侧生、下垂果多留，直立果少留。

二、人工辅助授粉技术

苹果属异花授粉作物，自花结实率低。尤其在气候不良的条件下，授粉问题已严重影响苹果产量和质量的提高。近年来静宁县苹果花期由于受低温霜冻的影响，加之授粉树不足，富士苹果坐果率低，果形不正，优果率低，已严重影响到苹果产量、质量和效益的提高。因此，人工授粉技术是解决目前红富士苹果坐果率低、品质下降的关键技术。

（一）合理配置授粉

树新植果园按15%~20%的比例配置适量授粉树，在此基础上，还可采取以下辅助措施，以加强授粉，提高坐果率：

1. 花期放蜂

果园放蜂可明显提高果树坐果率，一箱蜂可保证5~6亩苹果园授粉，在果园放蜂期间切忌喷药。

2. 高接花枝

当授粉品种缺乏或不足时，在树冠高处嫁接秦冠、黄元帅等花粉量大的花枝，以提高授粉率。对高接枝在落花后进行疏果，避免坐果太多花芽形成不好而影响来年授粉。

3. 挂罐和震动花枝

在授粉品种缺乏时，也可在开花初期剪取秦冠、黄元帅等授粉品种的花枝，插在水罐或瓶中挂在需要授粉的树上，来代替授粉品种；或在花期剪取授粉品种的花枝，在需要授粉的树上震动，增强授粉概率。

（二）人工辅助授粉

在授粉品种缺乏或花期天气不良时，应进行人工辅助授粉，以提高坐果率，保证当年产量和果实品质。

1. 花粉采集

在授粉前 2~3 天选择花粉量大且与授粉品种有亲和力的果树（秦冠、黄元帅、嘎啦等），采集花瓣已松散但尚未开放的铃铛花，及时在室内将花蕾倒入细铁丝筛中，用手轻轻揉搓，然后将搓下的花药用簸箕簸一遍，去掉杂质后将花药摊晾在干燥、通风、温暖而又洁净的室内白纸光面，温度保持在 22℃左右，1~2 天后花药即裂开散粉，然后将杂物去除，将花粉装在暗色瓶内放在低温处保存备用。无条件的果园也可直接购买成品花粉。

2. 授粉时间及方法

以人工点授为最好，其优点是直接送粉到柱头，坐果准确可靠，果实发育整齐，在授粉过程中即可确定留果位置，减少后期疏果工序，具体技术为：每亩将 10g 花粉加 50g 滑石粉或淀粉充分混合后装入干燥的小瓶中，在中心花开放当天，用海绵球蘸少许花粉轻点雌蕊柱头即可，每蘸一次可点授 4~5 朵花。

3. 注意事项

一是人工授粉最好在天气晴朗、风和日丽的上午进行，阴雨、风沙天气不宜授粉；二是同一品系不同品种不能互相授粉，如苹果富士系列各品种间不宜互相授粉，三倍体苹果品种，如乔纳金不能作授粉品种。

（三）生长调节剂应用

保丰灵、蛇果美等所含的苯氨基、赤霉酸 A4、A7 等均属植物生长调节剂，具有促进细胞分裂、生长的功效，可有效地补充由于自然授粉受精不良，造成的内源激素的不足。

可在初花期和末花期各喷一次300~400倍的保丰灵或蛇果美，能有效地提高坐果率和果形指数，如与人工辅助授粉配合使用效果更佳。

三、苹果花期霜冻综合防治技术

苹果花期霜冻是静宁县苹果生产中的主要自然灾害。每年都会有不同程度的发生，近几年发生频率高，危害程度大。依据静宁县的气候特点，果树的物候期和霜冻的发生规律，4月25日至5月6日是晚霜危害的关键期和预防的重点时期，此期正值苹果、梨的初花期至幼果期，而花器及幼果对低温的忍耐能力较弱，一旦发生较严重的霜冻，就会造成巨大的经济损失。因此，搞好花期霜冻预防工作，是保证水果产量及效益的重要措施。预防和减轻霜冻危害的主要措施有：

（一）农业措施

一切能使树势健壮、花芽充实饱满的栽培措施，都具有提高树体防冻能力的作用。一是早施基肥，增施有机肥，提高树体贮藏营养水平；二是合理修剪，及早疏花，减少对树体养分的无谓消耗；三是加强各类病虫害的防治，提高树体抗逆能力；四是花前及时补充肥料，提高树体抗冻能力，可在萌芽期用氨基酸液肥涂刷树干，发芽后喷洒磷酸二氢钾、尿素、氨基酸钙等高效肥料，及时补充树体营养，提高树体细胞浓度，增强抗逆性。

（二）早春灌水

在土壤解冻至开花前对果园灌水，可有效地降低地温，推迟果树物候期2~4天，能避开晚霜危害，达到防冻的目的。同时，由于灌水增加了土壤含水量，提高了土壤的热容量，使接近地面的空气不会骤冷骤热，对气温变化有较强的调控作用。

（三）烟熏防霜

熏烟法是目前应用最广泛的一种预防措施，但必须群防群放，才能在大范围形成烟雾层，达到预防目的。具体措施是：密切关注当地气象信息，当气象预报气温低于组织器官受冻的临界值，苹果花芽萌动期忍受的临界最低气温为-3.8~-2.8℃，花期为-2.2~-1.7℃，幼果期为-2.2~-1.1℃时，提前做好生烟准备工作，用落叶、作物秸秆、杂草等（有条件的可加入废柴油）在果园上风口处，每亩堆放6~8堆，草堆外覆湿草或湿土，使其点燃后只放烟而不产生明火，当凌晨气温持续下降时（可在园内悬挂温度计，每隔半小时查看一次）点燃草堆，使其不断产生浓烟，放烟应持续到日出，才能起到很好的预防作用。

（四）加盖防护设施

加盖遮阳网、塑料布等遮盖物也是防止冻害的手段，有条件的果园可于晚霜来临之前，在树体上覆盖遮阳网、塑料布进行防霜。

四、苹果套袋的关键技术

实施苹果套袋是生产优质绿色果品、提高果实外观品质、促进果业增效、果农增收的有效技术措施，为使广大果农进一步科学规范地掌握该项技术，生产中应把握以下几个环节：

（一）套袋条件

有良好的综合管理基础，树势健壮，枝量适宜，通风透光，肥水充足，病虫害防治适时。

（二）果袋选择及鉴别

目前市场上的苹果果袋有几十种，建议广大果农在选择果袋时最好不要选择无厂址、无商标、没有申报登记办理许可证的果袋，以免造成苹果早期脱落、烧伤、畸形、退绿不好、着色灰暗不均，严重影响果品质量，鉴别果袋的几种方法如下：

1. 看外观

果袋外观要求平整、光洁、被黏合部分牢固；下方通气孔明显，上方果柄孔圆齐，质量较高的果袋均为木浆纸，外袋纸外面颜色黄色偏绿，过绿、过黄或发黑、发亮的均为外纸质量不可靠。外袋纸内面一般为黑色，要求均匀不透光；内袋纸为红色或暗红色、单面蜡或双面蜡的亚光纸，蜡面均匀，透光柔和。

2. 用手摸

外袋纸手感要薄厚均匀，不能过厚或过薄，纸张柔软而有韧性，用双手大拇指与食指捏紧后，纵向及横向撕，用力越大，说明纸张拉力越好。拉力小的纸袋，遇水变形后难以复原，纸张紧贴在果面上造成日灼、落果、畸形等。纸张发脆过硬的，透气性差，过于柔软，张力不足，遇水易透。

3. 用水浸

在同等条件下，将几种果袋浸于水中比较一下湿水速度、水干后的变形程度、外纸表面是否露黑。如出现变形、露黑，均为不合格纸袋。

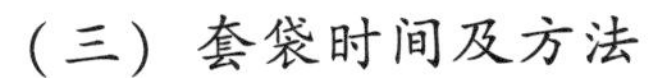

（三）套袋时间及方法

落花后35~40天进行，一般为6月上旬开始，6月下旬结束。套袋前2~3天全园喷一次高效杀虫、杀菌剂；套袋应避开中午高温和早上露水未干时段，以免烧伤幼果和产生果锈。套袋时袋口从上往下套，使袋子完全鼓起，果实悬空在果袋中央，避免扎丝扭伤果柄。一株树按“先上后下，先内后外”的顺序进行，要求做到全园套袋。

（四）摘袋时期与方法

摘袋过早或过晚都达不到套袋的预期效果，过早摘袋，果面颜色暗，光洁度差；过晚摘袋，果实着色慢，色泽淡，贮藏易褪色。

1. 摘袋时期

一般要求果实在袋内的生长时间为90~120天，因此，静宁县晚熟品种摘袋时间应在9月15日至20日为宜。一天中适宜摘袋时间为上午的9时至11时，下午3时至5时。

2. 摘袋方法

摘袋时应严格按照操作规范分两次进行，先除外袋，除外袋前5~7天，将接触到果袋部分的叶片及可能影响到光照的叶片摘除，除袋时，沿袋切线除掉外袋，4~5个晴天后再摘除内袋，中途如遇阴雨天，除内袋期要加上阴雨天的天数，上午除南侧，下午除北侧，一定要避免中午日光最强的时间摘袋。

（五）摘袋后的果实管理

摘叶、转果、收反光膜及适时采收，是提高套袋果优果率和商品率的重要技术措施，应全面加以实施。

1. 摘叶、转果

摘袋后及时摘叶、转果。摘叶即是摘除紧贴果面影响着色的叶片，能有效避免叶斑，提高全红果率，但切忌一次摘除过多，否则将削弱树势，既影响当年果实着色和光洁度，又影响来年花芽质量。转果时，用改变枝条位置和果实方向的方法，将果实阴面转向阳面，为防止果实转回原位，可用透明胶带将果实固定使之充分受光。转果时间尽量在上午10点前和下午4点后进行，以防发生日灼病。

2. 铺反光膜

摘袋后立即在树盘下铺反光膜，有效改善树冠内部和下部的光照情况，使树冠下部果实，尤其是果实萼洼部充分着色。

3. 适期采收

根据市场需求和果实着色情况，适期分批采收，一般采收适期为除袋后 15 天左右，过早采收，着色过淡，品质较差；过晚采收，着色过深，缺少光泽。

第三章　梨栽培技术

第一节　梨园规划与栽培新模式

一、园地规划

（一）园地选择

梨树对土壤条件要求不严，但以在土层深厚、质地疏松、透气性好的肥沃沙壤土上栽植的梨树更丰产、优质。

一般而言，平原地要求土地平整、土层深厚肥沃；山地要求土层深度 50cm 以上，坡度在 5°~10°；坡度越大，水土流失越严重，不利于梨树的生长发育，北方梨园适宜在山坡的中下部栽植，而梨树对坡向要求不很严格。盐碱地土壤含盐量不高于 0.3%，含盐量高时，须经过洗碱排盐或排涝进行改良，然后栽植；沙滩地地下水位须在 1.8m 以下。

（二）园地基础规划

梨园园地的规划原则是省工高效，充分利用土地。园地规划主要包括水利系统的配置、栽培小区的划分、防护林的设置及道路、房屋的建设等。

1. 果园道路

在平整土地时，要以确定的主路为基线，确定另一条垂直方向的主路，并延伸到梨园的边缘，定好标记。在此记号的基础上，确定每行两端的位置，做好标记。挖定植坑时，在长绳上按株画记号，点出定植点。道路及各行的木桩标记在定植前不要拔掉，定植时还要以此作为标记，木桩可随时校正，以确保栽植整齐。在山区及丘陵地区则应按等高水平线测量定点，行向可以根据地形确定。

2. 水源

水是建立梨园首先要考虑的问题，要根据水源条件设置好水利系统。有水源的地方要合理利用，节约用水；无水源的地方要设法引水入园，拦蓄雨水，做到能排能灌，并尽量少占土地面积。

3. 小区设计

为了便于管理，可根据地形、地势及土地面积确定栽植小区。一般平原地每 1~2 公顷为一个小区，主栽品种 2~3 个。小区之间设有田间道，主路宽 8~15m，支路宽 3~4m。山地要根据地形、地势进行合理规划。

4. 防护林

栽植防护林能改善生态环境，保护果树的正常生长发育。因此，建立梨园时要搞好防护林建设工作。一般每隔 200m 左右设置一条主林带，方向与主风向垂直，宽度 20~30m，株距 1~2m，行距 2~3m。在与主林带垂直的方向，每隔 400~500m 设置一条副林带，宽度 5m 左右。小面积的梨园可以仅在外围迎风面设一条 3~5m 宽的林带。

5. 果园机械

果园建设中要充分利用机械。目前，劳动力越来越贵，造成人工成本增高，所以全国各地果园的建设应多以机械建园为主。机械作业与人力抽槽建园相比有很大的优势。在地形平缓、土层较厚或少量风化石的土质和易于找到工程施工的挖掘机时，宜用机械建园，成本更低、质量更好、工程进展更快。机械建园适合在较大面积基地进行，而小面积作业成本较高，在山地建园还需有上下通行之路。

（三）授粉树的配置

大多数的梨品种不能自花结果，或者自花坐果率很低，生产中配置适宜的授粉树是省工高效的重要手段。授粉品种必须具备如下条件：①与主栽品种花期一致；②花量大，花粉多，与主栽品种授粉亲和力强；③最好能与主栽品种互相授粉；④本身具有较高的经济价值。一个果园内最好配置 2 个授粉品种，以防止授粉品种出现小年时花量不足。主栽品种与授粉树比例一般为 4~5：1，定植时将授粉树栽在行中，每隔 4~5 株主栽品种定植 1 株授粉树，或 4~5 行主栽品种定植 1 行授粉品种。

（四）栽植密度

适宜的栽植密度是省工高效的重要手段。随着果园机械的大量使用，宽行密植成为果园的发展方向。当然，栽植密度要根据品种类型、立地条件、整形方式和管理水平来确定。一般生长势强旺、分枝多、树冠大的品种，例如，白梨系统的品种，密度要稍小一些，株距 4~5m，行距 5~6m，每公顷栽植 333~500 株；生长势偏弱、树冠较小的品种要适当密植，株距3~4m，行距4~5m，每公顷栽植500~833株；晚三吉、幸水、丰水等日本梨品种，树冠很小，可以更密一些，即株距2~3m，行距3~4m，每公顷栽植833~1 666株。在土层深厚、有机质丰富、水浇条件好的土壤上，栽植密度要稍小一些，而在山坡地、沙地等瘠薄土壤上应适当密植。

二、苗木栽植

（一）栽植时期和方法

果园定植时应尽量选用质量好的苗木，避免死苗补栽。栽之前应采用生根粉等方法处理苗木，提高苗木成活率。栽植后要及时灌溉、覆膜，这些工作虽看似费工，但可长期保水、保墒，促进苗木的生长发育，更省工高效。

1. 栽植时期

选择适宜的栽植时期是省工高效定植的基础。梨树一般从苗木落叶后至翌年发芽前均可定植，但具体时期要根据当地的气候条件来决定。冬季没有严寒的地区，适宜采用秋栽。落叶后早栽植有利于根系的恢复，苗木成活率较高，翌年萌发后能迅速生长。华北地区秋栽时间一般在10月下旬至11月上旬。冬季寒冷、干旱或风沙较大的地区，秋栽容易发生抽条和干旱，因而最好在春季栽植。春季栽植一般在土壤解冻后至发芽前进行，北方一般适宜在4月上中旬栽植。

2. 栽植方式

栽植方式有多种，包括长方形、正方形、带状和等高形。

（1）长方形栽植

长方形栽植是梨园栽培中应用最广泛的一种方式，行距大于株距，通风透光，便于行间操作和机械化管理。株行距一般为4m×6m或3m×5m。

（2）正方形栽植

正方形栽植是指株行距相等，前期透光好，但土地利用率低，后期造成郁闭，多用于计划管理。株行距通常为2m×2m。

（3）带状栽植

带状栽植是指栽植双行为一带，带距大于行距，适于高密度栽植，但带内管理不方便，郁闭较早，后期树冠难以控制，可与架式栽培一起应用，方便管理。

（4）等高栽植

等高栽植适用于山地和坡地梨园，有利于水土保持，行距可根据坡度来确定。

3. 栽植前的准备

栽植前首先按照计划密度确定好定植穴的位置，挖好定植穴。定植穴的长度、宽度和深度均要达到 1m 左右；山地土层较浅，也要达到 60cm 以上。栽植密度较大时，可以挖深、宽各 1m 的定植沟。

回填时每穴施用 50~100kg 土杂肥，与土混合均匀，填入定植穴内。回填至距地面 30cm 左右时，将梨苗放入定植穴中央位置，使根系自然舒展，然后填土。填土后同时轻轻提动苗木，使根系与土壤密切接触，最后填满、踏实，立即浇水。栽植深度以灌水沉实后苗木根颈部位与地面持平为宜。

（二）栽植后的管理

1. 浇水及覆膜

春季定植灌水后立即覆盖地膜是省工高效的栽植方法，覆盖地膜可以提高地温，保持土壤墒情，促进根系活动。土壤干旱后要及时浇水和松土。秋季栽植后要在苗木基部埋土堆防寒，苗干可以套塑料袋以保持水分，到春季去除防寒土后再浇水覆盖地膜。

2. 定干

栽后应立即定干，以减少水分蒸腾，防止“抽条”。同时，应防止风吹，以免造成倒苗，影响根系生长和成活。

3. 剪萌

苗木发芽后，要及时剪掉苗干下部的萌芽条，有利于新梢生长及扩大树冠。

4. 补栽

春季应检查苗木栽植后的成活情况，发现死苗后，可在雨季带土移栽补苗，栽后及时浇水。

5. 树盘管理

栽植当年可在行间种植豆类、花生，或者苜蓿、草木樨等，每次浇水后应及时松土。

6. 追肥

在 6 月上旬应每株追施尿素肥 100~150g；7 月下旬追施磷肥和钾肥，喷洒 0.3%尿素肥于叶面；8~9 月份喷施 0.3%~0.5%磷酸二氢钾于叶面，全年叶面喷肥 4~5 次。

7. 抗冻措施

抗冻措施必不可少，简单有效的方法就是上冻前后每月在苗木和土壤上喷洒 1 次用水稀释 8~10 倍的土面增温剂，积雪融化后再喷 1 次，防寒效果非常理想，也十分简单高效。

三、梨树栽培新模式

（一）矮化密植栽培

随着科学技术的不断发展，果树栽培制度也在迅速变革，生产上经历了由稀植转向密植、粗放管理到精细管理、低产到高产、低品质到高质量的发展过程，并且正在向集约化、矮化密植和无公害方向发展。近些年来，果树矮化密植栽培发展很快，已成为当前国内外果树生产发展的大趋势。所谓矮化密植栽培，是指利用矮化砧木、选用矮生品种（短枝型品种）、采用人工致矮措施和植物生长调节剂等，使树体矮化，栽植株行距缩小，并采取与之相适应的栽培管理方法，获得早期丰产的一种新的果树栽培技术。

1. 矮密栽培早结果、早丰产、早收益

矮密栽培的果树普遍结果早、丰产早。发展矮密栽培可以生产优质高档果品、提高早期产量和经济效益。矮化果树缩短了前营养生长阶段，改变了幼龄树期的枝类比例，减少了营养消耗，增加了物质积累，从而促进果树早成花、早结果、早丰产、早收益。矮密栽培一般栽后2~3年开始开花结果，4~5年后即可进入丰产期，要比以往稀植的果树丰产期提前3~4年。

2. 单位面积产量高

由于矮密栽培的单位面积株数较多，叶片面积系数大，能经济利用土地和光能，并靠群体增产，因而能提高单位面积的产量。由于乔化果树树体高大，栽植稀且结果晚，土地、光能利用不经济，所以单位面积效益低。生产实践表明，密植矮砧梨树是获得高产高效的重要途径。

3. 果实品质好、耐贮藏

矮密栽培的果树具有比乔化果树受光量多，叶片光合效率高，利于光合产物积累，所以表现为果实着色早、色泽鲜艳、含糖量高、果个大、均匀整齐、成熟期相应提前、硬度变化缓慢、果实较耐贮藏等优点。

4. 便于田间管理

适于机械化作业，利于集约化栽培。矮砧梨园不但果品质量好、产量高，而且由于树体矮小、单株枝量少等，管理也方便，适应机械化作业，可显著提高修剪、打药、采摘等工效。矮密果园多采用宽行密株、小冠整形的布局，便于田间喷药、施肥、中耕除草等机械化作业，从而进一步提高果园经济效益。矮化砧木嫁接树冠高2~3m，容易修剪、喷药，便于管理。在西欧和美国，梨建园基本都应用了矮化砧木，加上机械管理，梨园每年用工

多为400~500小时/公顷。

5. 生产周期短，便于更新换代

种性是影响果品优劣的首要因素，及时更换优良品种，是现代果树栽培的重要特点。矮化果树结果早，可以提早获益；早期丰产和较高的效益，也为品种的及时更新提供了有利条件。日本从20世纪60年代以来，品种更新基本是10年一代，西欧一些先进国家时间还要短些，这使他们一直保持着果品质量的领先地位。

6. 经济利用土地

矮密栽培可最大限度地提高土地利用率，在有限的土地上获得较高的产量和效益。我国目前人口众多，人均土地面积逐年减少，因此积极发展果树矮密栽培是今后果树生产的必由之路。

虽然矮化密植是果树栽培发展的总趋势，但也存在不足之处：①利用矮化砧木时，矮化砧木的矮化性越强，树势越弱，寿命越短。尤其在土壤瘠薄和干旱地区表现更为明显。②由于矮化砧木根系浅，抗倒伏能力差，对风等自然灾害抵抗力弱，所以矮化砧木育苗繁殖比乔化砧木育苗繁殖更困难。③矮化密植栽培建园成本较高，在许多国家需要设立支柱，防止倒伏。④利用乔砧进行矮密栽培时，在控制树冠、抑制生长、促进花芽形成等方面比较费工。⑤在利用短枝型品种时，有的有复原现象，果园群体不整齐；有的易感病毒；有的抗寒性差，不适合在寒冷地区发展等。

目前，生产中果树的矮化途径主要有以下几种：①利用矮化砧木。②选用矮生品种。一些矮生短枝型品系，大都由芽变产生。③采取管理措施控制树体。果树生产中多采用早期促花措施，如控肥、控水、环剥、倒贴皮、拉枝等，使果树延缓长势，达到矮化目的。④使用植物生长调节剂。

（二）架式栽培

架式栽培是日本、韩国梨树的主要栽培模式，其最初目的是抵御台风的危害。通过多年的实践发现，架式栽培还具有提高果实品质和整齐度、操作管理方便、省工省力等优点。20世纪90年代架式栽培引入我国，近年来我国梨树架式栽培发展很快。

梨树架式栽培主要是通过整形修剪的手段，将梨树的枝梢均匀分布在架面上，再结合其他管理技术，进行新梢控制和花果管理的一种栽培方式。目前，日本大面积采用的是水平网架，具体树形主要有水平形、漏斗形、折中形、杯状形，主枝数目有二主枝、三主枝和四主枝。目前，应用较多的是三主枝折中形。20世纪30年代以后，梨的水平网架栽培技术从日本传入韩国，后来韩国根据国情对其进行了改良，形成了拱形网架。韩国2007

年梨产量46万吨，其中拱形网架栽培占了相当大的部分。

我国网架梨园发展迅速，主要分布在山东、辽宁、河北、浙江、江苏、上海、福建、江西等东部沿海或近海省市，湖北、河南、安徽、四川等省也有少量种植。我国梨园网架栽培的架式主要包括：水平形、拱形、屋脊形（倒“V”形）、梯形网架模式等。从建园方法上，我国网架梨园多数通过大树高接而来，少量是从幼龄树定植建园而来。

梨树网架式栽培的优点：①分散顶端优势，缓和树体营养生长和生殖生长的矛盾。②通过改变树体的姿势，可以合理安排枝和果实的空间分布；③改善树体的受光条件，枝不搭枝、叶不压叶，提高光合作用效率；④提高果实品质；⑤改善果实外观；⑥枝条呈水平分布，枝条内养分可较均匀地分配到各个果实，果形和果重的整齐度显著改善；⑦梨果都在网架下面，减轻了枝摩叶扫，好果率大大提高；⑧方便管理。梨树正常生长树体高大，给梨树的日常管理带来很大的不便。网架离地面1.8~2m，利于人工操作和机械化作业，老人和妇女站在地上也可方便地完成工作，降低了劳动成本，提高了劳动效率，符合果树栽培省力化的要求。

1. **水平网架梨园的建立**

（1）栽植

秋季或早春，选择高1~1.2m的优质苗木栽植。计划密植、生长势较强的品种如幸水等，永久树的株行距为5m×6m；长势中庸的品种，如新水、丰水、新高，永久树的株行距为4m×4m。配置授粉树。

（2）水平网架的架设

水平网架架设时间一般在幼龄树栽植2年后的冬季。在梨园的四个角分别设立一根角柱（20cm×20cm×330cm），角柱向园外倾斜45°，每角柱设两个拉锚（间距为1m），拉锚（15cm×15cm×50cm）用钢筋水泥浇铸，埋入土中深度1m，其上配置一根1.2m长的钢筋并预留拉环，用于与边柱连接，拉索为钢绞线，角柱之外设有角边柱。梨园周边两角的间距不超过100m，若距离太远，角柱负荷太大，可能引起塌棚。在每株、行向的外围四周分别立一边柱（12cm×12cm×285cm），向园外倾斜45°，棚面四周用钢绞线固定边柱，每柱下设一拉锚（12cm×12cm×30cm），拉锚用钢筋水泥浇铸，埋入土中深度为0.5m，其上配置一根60cm长的钢筋并预留拉环，用于连接棚面钢绞线，拉索同上。棚面用镀锌铁丝（10#或12#）按50cm×50cm的距离纵横拉成网格，先沿一个方向将镀锌线固定在围定的围线上，在拉与之垂直方向的镀锌线时，先固定一端，再一上一下穿梭过相邻网线，最终固定在另一端围定的钢绞线上。随后用钢绞线将角柱分别与角边柱固定。顺行向在每株间设一间柱（规格为10cm×10cm×200cm），支撑中间的棚架面保持高度1.8~2m。

2. 水平网架梨园的树形与产量标准

水平网架梨的树形主要有水平形、漏斗形、杯状形、折中形等，均为无中心干树形。

（1）水平形

干高 180cm 左右，主枝 2~4 个，接近水平，每个主枝上配置 2~3 个侧枝，侧枝与主枝呈直角，侧枝上配置结果枝组。

（2）漏斗形

干高 50cm 左右，主枝 2~3 个，主枝与主干夹角 30°左右。

（3）杯状形

干高 70cm 左右，主枝 3~4 个，主枝与主干夹角 60°左右，主枝两侧培养出肋骨状排列的侧枝。

（4）折中形

折中形是其他三种树形改良后的树形，干高 80cm 左右，主枝 2~3 个，主枝与主干夹角 45°左右，在每个主枝上配置 2~3 个侧枝，每个侧枝上配置若干个中、小型结果枝组。目前，折中形树体结构简单，修剪量轻，容易整形，方便操作，节约用工，在生产中应用较多。梨水平网架栽培的结果部位主要在架面上呈平面结果状。丰产期每 667m^2 的产量控制在 2500~3 500kg，优质果率在 90%以上。

第二节　梨园宏观结构与整形修剪技术

一、梨园的宏观层次

梨园是一个复杂的、动态平衡的人工生态系统，气候条件（温度、水分、光照、风速等）、土壤条件、地形特点和栽培措施等相互联系和制约。

光照是光合作用的能源，合理的梨园宏观层次应尽量提高光能的利用率，同时提高果实品质。光照是影响果树光合作用的最主要因子，光照状况直接影响果实品质，它不但影响果实着色，而且还可通过对碳水化合物的合成、运输和积累，来影响果实单果重和多项品质指标。太阳辐射到达树冠时，一部分被叶片截获用于光合作用，另一部分则穿过树冠空隙到达地面，用于土壤的增温和蒸发耗热。光合有效辐射是果园生产总干物质和果实品质保证的基础，因此，研究不同果园总的光能截获是了解造成果园不同产量和果实品质的基本要素。

果树冠层是树木主干以上集生枝叶的部分，一般由骨干枝、枝组和叶幕组成。冠层是梨树结构的主要组成部分，其结构及组成对树体的通风透光有决定性的影响。冠层结构决定着太阳辐射在冠层内的分布，在冠层内部同时存在着半影效应、透射、反射和叶片散射现象。叶层结构分为水平叶层、垂直向光叶层、特殊交角叶层和随机分布叶层四种情况，分别推出了被林冠吸收的直射和散射光强的数学模式。对冠层的光合作用的影响除了冠层内的光合有效辐射外，温度、湿度、二氧化碳浓度、风速，以及土壤水分和养分状况等因素对冠层的光合作用也有很大的影响，这种影响也是由冠层结构决定的。

叶幕是果树叶片群体的总称，叶幕结构即叶幕的空间几何结构，包括果树个体大小、形状和群体密度。其主要限定因素是：栽植密度以及平面上排列的几何形状，株行间宽度、行向，叶幕的高度、宽度、开张度，叶面积系数和叶面积密度。就树冠叶幕的光截留、光通量和光分布而言，总的趋势是，光照从内到外、从上到下，逐渐减弱。

在一定范围内，果树产量随着光能截获率的提高而增加，果树光能截获率在60%~70%时对平衡果树的负载和果实品质最有利。以气象理论为基础，根据果树生长发育特点，以树冠基部外围日照时间大于25%总日照时间为前提，建立了生产中常用的三种树形（纺锤形、圆锥形、圆柱形）的果园的光能截获率的数学模型，进而计算位于任意纬度的果园的最佳栽植行向、理想的树体结构。应用数学推导的方法建立了果树栽植行向、树形和果园光截获的数学模型。计算不同纬度在行距一定的条件下，果树最佳树体高度和冠幅，为果园合理密植、调节树体结构提供了理论基础。

光能截获和光合有效辐射的透过率是一对矛盾体，受到国内外科研人员的关注。叶幕光能截获率和果园群体叶面积系数呈正相关，当群体叶面积系数高时，树冠光能截获率高，透射率低，光能利用率高，但是透射率低又造成了树冠内光照的不均匀分布，如果考虑树冠光能的均匀分布，那必然会导致树冠光能截获的减少。篱壁形果树，果园太阳辐射透过率较高；而纺锤形、自由纺锤形树的叶幕层太厚，可造成太阳辐射由树冠外层向内层的迅速递减。

生产上，人们总是从经济效益的角度尽可能充分利用生态环境资源获得最大的收益。园艺工作者一般认为，高密度果园早期结果的关键是在栽植后的前几年快速发展树冠内的枝叶数量，提高果园早期的叶面积。因此近年来，为了提早结果，提高土地和光热资源的利用，果树栽培由大冠稀植逐步向小冠密植发展，树形由适合大冠的自然圆头形、扁圆形等转为适合密植的小冠疏层形、自然纺锤形、细长纺锤形、篱壁形和开心形等。小冠形树体发育快、结果早，对土地和光热资源利用率高。

二、高光效树形与整形修剪

（一）高光效树形

1. 二层开心形

树体的基本结构是树高3.5~4m，冠径4~4.5m，干高50~60cm。全树分两层，一般有5个主枝，其中第一层3个主枝，开张角度60°~70°，每主枝着生3~4个侧枝，同侧主枝间距要达到80~100cm，侧枝上着生结果枝组；第二层2个主枝，与第一层距离1m左右，2个主枝的平面伸展方向应与第一层3个主枝错开，开张角度50°~60°。该树形透光性好，最适宜喜光性强的品种。

苗木定植后留80~100cm定干。第一次冬剪时选生长旺盛的剪口枝作为中央领导干，剪留50~60cm，以下3~4个侧生分枝作为第一层主枝。以后每年同样培养上层主枝，直到培养出第三层主枝时去掉第三层，控制第二层以上的部分，最终落头开心成二层开心形。侧枝要在主枝两侧交错排列，同侧侧枝间距要达到80cm左右。

2. 开心形

树体的基本结构是树高4~5m，冠径5m左右，干高40~50cm。树干以上分成3个势力均衡、与主干延伸线呈30°角斜伸的中心干，因此也称为“三挺身”树形。三主枝的基角为30°~35°，每主枝从基部培养1个背后枝或背斜侧枝，作为第一层侧枝。每个主枝上有侧枝6~7个，成层排列，共4~5层，侧枝上着生结果枝组，里侧仅能留中、小枝组。该树形骨架牢固，通风透光，适于生长旺盛直立的品种，但幼龄树整形期间修剪较重，结果较晚。

苗木定植后留70cm定干。第一次冬剪时选择3个角度、方向均比较适宜的枝条，剪留50~60cm，培养成为3条中干。第二年冬剪时，每条中干上选留1个侧枝，留50~60cm短截，以后照此培养第二、第三层侧枝。主枝上培养外侧侧枝。整个整形过程中要注意保持三条中心干势力的均衡。

3. 纺锤形

树体的基本结构是树高3m左右，冠径2~2.5m，干高60cm。中心干上直接着生大型结果枝组（即主枝）10~15个，中心干上每隔20cm左右1个，插空排列，无明显层次。主枝角度70°~80°，枝轴粗度不超过中干的1/2。主枝上不留侧枝，直接着生结果枝组。纺锤形特点是只有一级骨干枝，树冠紧凑，通风透光好，成形快，结构简单，修剪量轻，生长点多，丰产早，结果质量好。

苗木定植后，定干高度80~100cm。第一年不抹芽，在树干40~50cm及以上，对枝条长度在80~100cm者秋季拉枝，枝角角度90°，余者缓放；冬剪时对所有枝进行缓放。翌年，拉平的主枝背上萌生的直立枝，对离树干20cm以内者全部疏除，20cm以外的每间隔25~30cm扭梢1个，其余除去。中心干发出的枝条，长度80cm左右者可在秋季拉平，过密的疏除，缺枝的部位进行刻芽，促生分枝。第三年开始控制修剪，以缩剪和疏剪为主，除中心干延长枝过弱时不剪，一般都缩剪至弱枝处，将其上竞争枝压平或疏除；弱主枝缓放，对向行间伸展太远的下部主枝从弱枝处回缩，疏除或拉平直立枝，疏除下垂枝。第四或第五年中心干在弱枝处落头，以后中心干每年都在弱处修剪以保持树体高度稳定。修剪时应根据梨树的生长结果状况而定，幼旺树宜轻剪，以后随树龄的增长，树势渐缓，修剪应适度加重，以便恢复树势，保持丰产、稳产、优质的树体结构。

4. “Y”形

树体的基本结构是无中干，干高50~60cm，两主枝呈“V”形，主枝上无侧枝，其上培养小型侧枝和结果枝组，两主枝夹角为80°~90°。

该树形要求定植苗为壮苗，定干高度70~90cm；定干后第1~2芽抽发的新枝，开张角度小，其下分支开张角度大，可以培养为开张角度大的主枝，在生长季中，开张角度小的可疏除。第2~3年冬剪时，主枝延长枝剪去1/3，夏季注意疏除主枝延长枝的竞争枝等。第四年对主枝进行拉枝开角，并控制其生长势；生长季节对旺长枝进行疏除、扭枝抑制其生长，以便形成短果枝和中果枝。第五年树形基本完成，表现为主枝前端直立旺盛，徒长枝少，短果枝形成合理。

5. 棚架形

水平棚架梨的树形主要有水平形、漏斗形、杯状形、折中形等。水平形，干高180cm左右，主枝2个，接近水平。漏斗形，干高50cm左右，主枝多个，主枝与主干夹角30°左右。杯状形，干高45cm左右，主枝3~4个，主枝与主干夹角60°左右，主枝两侧培养出肋骨状排列的侧枝。折中形是其他三种树形改良后的树形，干高80cm左右，主枝3个，主枝与主干夹角45°左右，在每个主枝上配置2~3个侧枝，每个侧枝上配置若干个中、小型结果枝组。棚架栽培梨的结果部位主要在架面上呈平面结果状。

苗木定植后，定干高度80cm，用一根竹竿插栽在苗木附近，用麻绳将其与苗木固定。萌芽后，待苗木上端抽生的新梢长20cm左右时，选留3~4个生长方向不同的健壮枝梢作为主枝培养，保持其直立生长，落叶后将主枝拉至与主干呈45°角，三主枝间相互夹角120°，四主枝间相互夹角90°，用麻绳将其与竹竿绑定，留壮芽并剪去顶端部分。

6. 圆柱形

树体结构：树高3.0~3.5m，干高60cm左右，中心干上均匀着生18~22个大、中型枝组，枝组基部粗度为着生部位中心干直径的 1/3～1/2，枝组分枝角度 70°～90°，不留主枝，不分层。行间方向的枝展不超过行间宽度的 1/3。圆柱形整形简单，结果早，有时株间相连，行间有间隔，整行呈篱壁形。建园时，选用 2～3 年生砧木大苗于春季土壤解冻后定植，在砧木萌芽期嫁接梨品种。秋后培育出高度 1. 6～2. 5m 的优良品种。

（二）整形修剪

对树体进行合理的整形修剪，必须了解枝芽的生长特点，并按其特点采用适当的修剪方法和适宜的丰产树形。

1. 结果枝组的配置

着生在各级骨干枝上的小枝群，其中的若干结果枝和营养枝，是生长和结果的基本单位，常被称为结果枝组。梨的大、中、小型枝组，均易单轴延伸，应使其多发枝，以中结果枝组为主，大结果枝组占空间，小结果枝组补空间，达到合理配置。

2. 萌芽力较强、成枝力较弱的树

一年生枝上的芽能够萌发枝叶的能力称为萌芽力。一般以萌发的芽数占总芽数的百分率，即萌芽率来表示果树的萌芽力。一年生枝上的芽，不仅能够萌发，而且能够抽生长枝的能力，即成枝力。成枝力一般以长枝占总芽数的百分率或者具体成枝数来表示。梨树的萌芽力较强，成枝力比较弱，发枝少，主枝上的枝密度小，因此在整形修剪上，应注意使主枝、侧枝和大枝组多发枝。

3. 顶端优势较强的树

在同一枝条或果树上，处于顶端和上部的芽或枝，其生长势明显强于下部的现象，称为顶端优势，也称为极性。梨树的顶端优势强，枝条间生长势差异较大，容易上强下弱，中心枝延长头应适当重截，并及时换头，以控制中心枝增粗过快、长势过快。另外，梨树缓苗期较长，定植第一年往往发枝少，留不足主枝，要经过两年才能完成整形。

第三节　梨园土肥水管理技术

一、土壤管理新模式

（一）土壤覆盖管理

1. 管理模式优点

梨园覆盖栽培，是指在梨园地表人工覆盖天然有机物或化学合成物的栽培管理制度，分为生物覆盖和化学覆盖两种形式。生物覆盖材料包括作物秸秆、杂草或其他植物残体。化学覆盖材料包括聚乙烯农用地膜、可降解地膜、有色膜、反光膜等化学合成材料。梨园覆盖栽培作为一种省工高效的土壤管理措施，符合生态农业和可持续发展战略。

（1）降低管理成本

梨园覆盖抑制了杂草的萌发和生长，免除了一年 5～6 次的中耕除草。覆盖适宜时，能减少或防止病虫害的发生，降低农药用量，节省开支。研究表明，秸秆覆盖还可减少梨园腐烂病的发生，发病株率可下降 14.9%～32.1%，减少蚱蝉危害梨树枝率达 73.6%～80.9%。

（2）提高土壤含水量，节省灌溉开支

据观察，连续几年不间断进行生物覆盖的果园，一般地段平均可提高土壤含水量 40%左右，地表蒸发减少 60%左右。尤其在春季降雨少、蒸发量大时，果园覆草能够有效地减少土壤水分蒸发，保蓄水分。果园覆膜也可以提高土壤含水量，特别是土壤表层含水量。在干旱地区，地膜覆盖可分别提高 0～15cm、15～25cm 表层土壤含水量达 40.91%和 27.06%。在半干旱和半湿润地区可提高表层土壤含水量 5.89%～28.14%和 4.7%～5.9%。

（3）增加产量

秸秆覆盖梨园可促进梨树树体的生长发育。果实生长速率加快，单株留果数相同时，覆秸秆树的单果重较对照增加 7.5%～13.9%，单果重绝对增加 17～24g，具有增大果个的作用。在覆秸秆树的挂果数不超过对照树 12%时，均可增大果形。

（4）改善土壤结构

秸秆覆盖无须中耕除草，既可保持良好而稳定的土壤团粒结构，又可节省劳力。梨园覆盖能够改善土壤的通透性，提高土壤孔隙度，减小土壤容重，使土质松软，利于土壤团粒结构形成，减缓土壤内盐碱上升，有助于土壤保持长期疏松状态，提高土壤养分的有效性。梨园覆盖 0~20cm 的土层，其土壤容重、比重、总孔隙度分别为 1.02 克/cm^3、2.64 克/cm^3、61.3%，对照地分别为 1.20 克/cm^3、2.09 克/cm^3、42.6%，容重下降幅度为 15%，比重和总孔隙度增加幅度分别为 26.32%和 43.9%。

（5）提高土壤肥力，促进土壤微生物活动

覆盖的有机物降解后可增加土壤有机质含量，提高土壤肥力，连续覆盖 3~4 年，活土层可增厚 10cm 左右，土壤有机质含量可增加 1%左右。长期覆草不但能提高土壤养分含量，而且能提高土壤保肥和供肥的缓冲能力。据研究，梨园覆盖整个生长期细菌数量平均比对照高 150.99%，固氮菌数量高 95.47%。覆盖后，在梨树整个生长期真菌的平均数量覆盖比对照高 56.33%，氨化菌数量高 55.41%。

2. 梨园土壤覆盖管理模式

（1）生物材料

覆草前，应先浇足水，按 10~15kg/667m^2 的数量施用尿素，以满足微生物分解有机质时对氮的需要。覆草一年四季均可，以春、夏季最好。春季覆草既利于果树整个生育期的生长发育，又可在果树发芽前结合施肥、春灌等农事活动一并进行，省工省时。不能在春季进行的，可在麦收后利用丰富的麦秸、麦糠进行覆盖。须注意的是，新鲜麦秸、麦糠要经过雨季初步腐烂后再用。对于洼地、易受晚霜危害的果园，谢花之后覆草为好。

郁闭程度较高，不宜进行间作的成年果园，可采取全园覆草，即果园内裸露土地全部覆草，数量可掌握在 1500kg/667m^2 左右。郁闭程度低的幼龄果园，尚可进行果粮或果油间作的，以树盘覆草为宜，用草 1 000kg 左右。覆草量也可按照拍压整理后，10~20cm 的厚度来掌握。

梨园覆草应连年进行，每年均须补充一些新草，以保持原有厚度。3~4 年后可在冬季深翻 1 次，深度 15cm 左右，将地表已腐烂的杂草翻入表土，然后加施新鲜杂草继续覆盖。

（2）地膜

覆膜前必须先追足肥料，地面必须先整细、整平。覆膜时期，在干旱、寒冷、多风地区以早春（3 月中下旬至 4 月上旬）土壤解冻后覆盖为宜。覆膜时应将膜拉展，使之紧贴地面。夏季进入高温季节时，注意在地膜上覆盖一些草秸等，以防根际土温过高。根际土温一般不超过 30℃为宜。此外，到冬季还应及时捡除已风化破烂无利用价值的碎膜，并集中处理，以便土壤耕作。

3. 注意事项

梨园覆盖也有一些负面效应需要注意。据调查，山间河谷平原或湿度较高的果园覆草或秸秆后容易加剧煤污病、蝇粪病的发生和危害；黏重土壤的果园覆草后，则易引起烂根病。河滩、海滩或池塘、水坝旁的果园，早春覆草果园花期易遭受晚霜危害，影响坐果，这类果园最好在麦收后覆草。

梨园覆盖为病菌提供了栖息场所，会引起病虫数量增加，在覆盖前要用杀虫剂、杀菌剂喷洒地面和覆盖物。平时密切注意病虫害发生情况，及时喷杀。此外，每三年应将覆盖物清理深埋，以杀灭虫卵和病菌，然后重新进行覆盖。许多病虫可在树下越冬，为避免覆草后加重病虫害的发生，春季要对树盘集中喷药防治。覆草后水分不易蒸发，雨季土壤表层湿度大，易引起涝害，必须及时排水。排水不良的地块不宜覆草，以免加重涝害。

梨园覆草或秸秆根系分布浅，根颈部易发生冻害和腐烂病。长期覆盖的果园，根系易上返变浅，一旦不再覆盖，就会对根系产生一定程度的伤害。覆草应连年进行，以保持表层土壤稳定的生态环境，有利于保护和充分利用表层功能根群。开始覆草的1~2年，不能把草翻入地下，以保护表层根；3~4年后可翻入地下，翻后继续覆草。初次覆草厚度不能小于20cm，以后连年覆草厚度不小于15cm。无法继续覆盖时，要对根部采取防寒措施，保护好根系，使根部逐渐适应新的环境。长期覆盖的果园湿度较大，根的抗性差，可在春夏季扒开树盘下的覆盖物，对地面进行晾晒，能有效预防根腐烂病，并促使根系向土壤深层伸展。此外，覆草时果树根颈周围要留出一定的空间，能有效地控制根颈腐烂和冻害。冬春树干涂白、幼龄树培土或用草包干，都对预防冻害有明显作用。

覆草或秸秆的果园易发生火灾，因此这类果园应在覆草或秸秆上面压土，能有效地预防火灾和防止覆草或秸秆被大风吹跑。覆草或秸秆的果园鼠害相对较重，应于春天和初秋在果园中均匀定点放置灭鼠药灭鼠。

农膜覆盖技术的广泛应用在促进农业生产发展的同时，也带来了白色污染。聚丙烯、聚乙烯地膜，可在田间残留几十年不降解，反而造成土壤板结、通透性变差、地力下降，严重影响作物的生长发育和产量。残破地膜一定要捡拾干净后，再集中处理。果园覆盖时，应优先选用可降解地膜。

（二）生草管理

1. 适宜生草管理模式的梨园

草生长需要较多的水分，因此梨园生草适宜在年降水量500mm，最好800mm以上的地区或有良好灌溉条件的地区采用。若年降水量少于500mm且无灌溉条件，则不宜进行生草栽培。在行距为5~6m的稀植园，幼龄树期即可进行生草栽培。高密度梨园不宜进行生草，而宜覆草。

2. 具体管理模式

梨园生草有人工种植和自然生草两种方式，可进行全园生草、行间生草、株间生草。

土层深厚肥沃、根系分布较深的梨园宜采用全园生草；土壤贫瘠、土层浅薄的梨园，宜采用行间生草和株间生草。无论采取哪种方式，都要掌握一个原则，即应该对果树的肥、水、光等竞争相对较小，又对土壤生态效应较佳，且对土地的利用率高。

梨园生草对草的种类有一定的要求，主要标准是适应性强、耐阴、生长快、产草量大、耗水量较少、植株矮小、根系浅，能吸收和固定果树不易吸收的营养物质。地面覆盖时间长，与果树无共同的病虫害，对果树无不良影响，且能引诱害虫天敌。梨园生草草种以鼠茅草、黑麦草、白三叶草、紫花苜蓿等为好。另外，还有百脉根、百喜草、草木樨、毛苕子、扁茎黄芷、小冠花、鸭绒草、早熟禾、羊胡子草、野燕麦等。

3. 注意的问题

（1）草种选择

我国地域辽阔，不同地区气候、土壤条件差异很大，因此各地应针对自己的具体情况选择适宜的草种。一般来说，南方梨产区特别是红黄壤地区，夏秋高温干旱，应选择耐瘠薄，耐高温、干旱，水土保持效应好，适于酸性土壤生长的草种，如百喜草、恋风草、黑麦草等；而北方梨产区，冬季寒冷、干燥、土壤盐碱化，则应选择耐寒、耐旱、耐盐碱的草种，如苜蓿、结缕草等。可以两种或多种草混种，特别是豆科草和禾本科草混种，这样既能增强群体适应性、抗逆性，又能利用它们的互补特性。一般混种比例以豆科占60%~70%、禾本科占30%~40%较为适宜。

（2）养分、水分竞争

生草与果树争夺肥水是梨园生草栽培存在的主要问题。一般草种生长旺，根密度大，在其旺长期常因草的吸收降低土壤中多种有效养分含量。因此，除了选择根系浅、需肥少的草种外，在草的旺盛生长期还应适当补肥。生草栽培后，草的蒸腾耗水量大，在旱季会加剧土壤干旱，因此，为了避免生草与果树争夺水分的矛盾，应在干旱来临前与果树肥水需求高峰期，及时割草覆盖或者及时施肥、灌水来缓解。

（3）杂草控制

在不同地区的不同果树生产区，应选择抗杂草能力强的草种，并注意及时清除杂草。特别是在草尚未有效覆盖地面之前，难免发生杂草，如果不辅助人工除草予以控制，就可能发生草荒而导致果园生草失败。一般覆盖性能好的草种在充分覆盖地面后，就可以有效地抑制杂草，即使其中有少量杂草，也无妨碍。在果树树盘范围内，则须经常性地中耕除草，或施用化学除草剂，或进行覆草以防止杂草危害。

（4）长期生草对土壤理化性质的影响

梨园长期生草会造成土壤板结，通透性降低，好气性微生物活动受到抑制，土壤硝态氮含量减少。所以，一般不采用全园生草，而主要采用行间生草并经常割草，于株间或树盘下覆盖，以提高树盘下土壤的通透性。也可通过全园深翻或生草更新来解决，即生草5~7年后，施用除草剂灭草或者及时翻压，免耕1~2年后重新生草。

二、施肥

（一）梨树需肥特点与施肥

1. 需肥特点

梨树所需的矿质元素主要有氮、磷、钾、钙、镁、硫、铁、锌、硼、铜、钼等。梨树是多年生的木本植物，树冠高大，枝叶繁茂，产量高，需肥量大。据测定，鸭梨每产100kg果实，需氮300g，五氧化二磷150g，氧化钾300g。另外，根、枝、叶的生长、花芽分化以及土壤固定、淋失、挥发等，每667m^{2}产梨2500kg，应施氮20kg，五氧化二磷15kg，氧化钾20kg左右。

梨树对钾、钙、镁需求量大。梨树对钾的需要量与氮相当，对钙的需要量接近氮，对镁的需要量小于磷而大于其他元素。钾不足，老叶叶缘及叶尖变黑而枯焦，降低光合能力，影响果实品质。钙不足，影响氮的新陈代谢和营养物质的运输，使根系生长不良，新梢嫩叶上形成褪绿斑，叶尖和叶缘向下卷曲，果实顶端黑腐。缺镁，老叶叶缘及叶脉间部分黄化，与叶脉周围的绿色形成鲜明对比。钾在土壤中易淋洗流失，而酸性较大的红壤地又缺氮少钙，因此施肥时要注意增施钾肥和钙肥，果实生长期要喷施镁肥。

梨树树体内前一年储藏营养的多少直接影响梨树树体当年的营养状况，包括萌芽开花的一致性、坐果率的高低及果实的生长发育。当年储藏营养物质的多少又直接影响梨树翌年的生长和开花结果，管理不当极易形成大小年。

不同树龄的梨树对养分的需求规律不同。梨树幼龄树需要的主要养分是氮和磷，特别是磷素，其对植物根系的生长发育具有良好的作用。建立良好的根系结构是梨树树冠结构良好、健壮生长的前提。成年树对营养的需求主要是氮和钾，特别是由于果实的采收带走了大量的氮、钾和磷等营养元素，若不能及时补充则将严重影响梨树翌年的生长及产量。

有机质含量多少是判断土壤肥力的重要标志，也是果树生长良好的重要条件。梨树平衡施肥技术中有机肥是基础，它不仅含有梨树生长所需的各种营养元素，还可改良土壤结构，增加土壤的养分缓冲能力和保水能力，改善土壤通透性。目前，我国果园的有机质含量一般只有1%~2%，多数果树应以3%~5%为宜。增加和保持土壤有机质含量的方法：翻压绿肥，增施厩肥、堆肥、土杂肥和作物加工废料，地面覆盖等。

2. 施肥

（1）采后施肥

有机肥应在采收后及时施用，此时是秋根生长高峰，能使伤根早愈合，并促发大量新的吸收根，同时秋叶光合作用比较强，能增加树体储藏营养水平，提高花芽质量和枝芽充实度，从而提高抗寒力，对翌年萌芽、展叶、开花、坐果及幼果的生长十分有利。秋施的有机肥，经过冬春腐熟分解，肥效能在翌年春养分最紧张的时期（4—5 月份营养临界期）得到最好的发挥。而若冬施或春施，肥料来不及分解，等到雨季后才能分解利用，反而造成秋梢旺长去争夺大量养分，中短枝养分不足，成花少、储藏营养水平低、不充实、易受冻害。施肥量，一般 3~4 年生树每 667m^2 施有机肥 1500kg 以上，5~6 年生树每 667m^2 施 2000kg。施有机肥的同时，还可掺入适量的磷肥或优质果树专用肥。盛果期施肥时按果肥比 1∶2~3 的比例施用。

（2）土壤追肥

土壤追肥又称根际追肥，是在施有机肥基础上进行的分期供肥措施。梨树各种器官的生长高峰期集中，需肥多，供肥不及时，常会引起器官之间的养分争夺，影响展叶、开花、坐果等（农家肥属于慢性肥，不宜施用）。所以，应按梨树需肥规律及时追补，缓解矛盾。

（3）花前追肥

花前追肥，一般在 3 月上中旬进行。目的是补充开花消耗的大量矿质营养，不致因开花而造成供肥不足，出现严重落花落果。施肥种类应以氮肥为主，初结果梨树每株（5~7 年生，下同）视树冠大小，施尿素 0. 15~0. 2kg；成年结果大树，每株施尿素 0. 5~0. 8kg，沟施、穴施均可，施后及时灌水。如果年前秋施基肥充足，树体营养充足，则此次花前追肥可以免去不施。

（4）落花后施肥

落花后施追肥是指生理落果以后（即幼果停止脱落后）进行的追肥。目的是为了缓解树体营养生长和生殖生长的矛盾。追肥以氮肥为主，配以少量磷肥、钾肥。如果施肥采用的是尿素、过磷酸钙、氯化钾的混合肥，其配施肥料实物重量比可采用 2∶2∶1 的比例。初结果梨树每株施用混合肥料 0. 2~0. 3kg；成年结果大树，每株施尿素 0. 5~0. 8kg，施肥后灌水。

（5）果实膨大期追肥

果实膨大期追肥，目的是促进果实正常生长，果实快速膨大。追肥时期为 7 月中下旬。施肥种类应以磷肥、钾肥为主，配以少量氮肥。果实膨大期，需磷肥、钾肥数量明显增加。氮肥、磷肥、钾肥料若采用尿素、过磷酸钙和氯化钾肥，其使用比例为0.3：1：1.5。初结果梨树每株施用混合肥料数量为0.3~0.4kg，个别结果较多的树，可以施用0.5kg。成年结果大树，每株可施1~1.5kg，最好分2次追施，追肥后灌水。

（6）根外追肥

根外追肥是把营养物质配成适宜浓度的溶液，喷到叶、枝、果面上，通过皮孔、气孔、皮层，直接被果树吸收利用。这种方法具有省工省肥、肥料利用率高、见效快、针对性强的特点。适于中、微量元素肥料，以及树体有缺素症的情况下使用。根外追肥仅是一种辅助补肥的办法，不能代替土壤施肥。

根外追肥浓度一般控制在0.2%~2%。肥料混合时要注意溶液的浓度和酸碱度，一般情况下溶液pH值在7左右利于叶部吸收。为了提高叶面肥的吸收效果，在配制叶面肥时，可在叶面肥中添加适量的活性剂。常用活性剂有：中性肥皂或质量较好的洗涤剂，一般活性剂的加入量为肥液量的0.1%。叶面施肥最好选在风力不大的傍晚、阴天或晴天的下午进行，这样可以延缓肥液的蒸发。喷施叶面肥应该做到雾滴细小，喷施均匀，尤其要注意多喷洒生长旺盛的上部叶片和叶片的背面，因为新叶比老叶、叶片背面比正面吸收养分的速度更快，吸收能力更强。

（二）梨缺素症及防治

1. 缺氮症状及防治方法

（1）症状

一般当年生春梢成熟叶片含氮量低于1.8%时为缺氮，含氮量2.3%~2.7%为适量，大于3.5%为过剩。在大多数植物中，氮素不足表现特征为叶片颜色变黄。初期表现为生长速率显著减退，新梢延长受阻，结果量减少；叶绿素合成降低、类胡萝卜素出现，叶片呈现不同程度的黄色。由于氮可从老叶转移到幼叶，所以缺氮症状首先表现在老叶上。梨树缺氮，早期表现为下部老叶褪色，新叶变小，新梢长势弱。缺氮严重时，全树叶片不同程度均匀褪色，多数呈淡绿至黄色，老叶发红，提前落叶；枝条老化，花芽形成减少且不充实；果实变小，果肉中石细胞增多，产量低，成熟提早。落叶早，花芽、花及果均少，果也小。但果实着色较好。

（2）防治方法

施肥方法可采用土壤施肥或根外追肥，尿素作为氮素的补给源，已普遍应用于叶面喷布，但应当注意选用缩二脲含量低的尿素，以免产生药害。具体方法：一是按每株每年0.05~0.06kg纯氮，或按每100kg果0.7~1kg纯氮的指标要求，于早春至花芽分化前，将尿素、碳酸氢铵等氮肥开沟施入地下30~60cm处；二是在梨树生长季的5—10月间可用0.3%~0.5%尿素溶液结合喷药进行根外追肥，一般3~5次即可。

2. 缺磷症状及防治方法

（1）症状

叶分析酸溶性磷含量0.05%~0.55%为适宜范围，含量0.14%为最佳值。梨树早期缺磷无明显症状表现。果树中、后期缺磷，植株生长发育受阻、生长缓慢，抗性减弱，叶片变小、稀疏，叶色呈暗黄褐色至紫色、无光泽，早期落叶；新梢短。严重缺磷时，叶片边缘和叶尖焦枯，花、果和种子减少，开花期和成熟期延迟，果实产量低。磷在树体内的分布是不均匀的，根、茎的生长点较多，幼叶比老叶多，果实和种子中含磷最多。当磷缺乏时，老叶中的磷可迅速转移到幼嫩的组织中，甚至嫩叶中的磷也可输送到果实中。过量施用磷肥会引起树体缺锌，这是由于磷肥施用量增加，提高了树体对锌的需要量。喷施锌肥也有利于树体对磷的吸收。

常见缺磷的土壤有：高度风化、有机质缺乏的土壤；碱性土或钙质土，磷与钙结合使磷有效性降低；酸性过强，磷与铁和铝生成难溶性化合物等。土壤干旱缺水、长期低温会影响磷的扩散与吸收；氮肥使用过多，而施磷不足，营养元素不平衡，容易出现缺磷症状。梨树磷元素过剩一般很少见，主要是盲目增施磷肥或一次性施磷过多造成的。

（2）防治方法

磷素缺乏的防治方法有地面撒施与叶面喷施磷肥。磷肥种类的选择如下：对中性土、碱性土，常采用水溶性成分高的磷肥；酸性土壤适用的磷肥类型较广泛；厩肥中含有持久性较长的有效磷，可在各种季节施用。叶面喷施常用的磷肥类型有0.1%~0.3%磷酸二氢钾、草木灰或过磷酸钙浸出液。

3. 缺钾症状及防治方法

（1）症状

梨树植株当年春梢营养枝的成熟叶，全钾含量低于0.7%时为钾素缺乏，1.2%~2%为适量。梨树缺钾初期，老叶叶尖、边缘褪绿，新梢纤细，枝条生长很差，抗性减弱。缺钾中期，植株下部成熟叶片由叶尖、叶缘逐渐向内焦枯，呈深棕色或黑色“灼伤状”，整片叶形成杯状卷曲或皱缩，果实常不能正常成熟。缺钾严重时，所有成熟叶片叶缘焦枯，整个叶片干枯后不脱落、残留在枝条上；此时，枝条顶端仍能生长出部分新叶，发出的新叶边缘继续枯焦，直至整个植株死亡。

缺钾症状最先在成熟叶片上表现，幼龄叶片不表现症状。若不采取措施，症状会逐渐扩展到更多的成熟叶片。幼龄叶片发育成熟后，也依次表现出缺钾症状。完全衰退的老叶，则表现出最明显的缺钾症状。

通常发生缺钾的土壤种类有：江河冲积物、浅海沉积物发育的轻沙土，丘陵山地新垦的红黄壤，酸性石砾土，泥炭土，腐殖质土等。土壤干旱时，钾的移动性差；土壤积水，根系活力低，钾吸收受阻；树体连续负载过大时，土壤钾素营养会亏缺；土壤施入钙、镁元素过多时，会造成与钾拮抗等，均容易发生植株缺钾现象。

（2）防治方法

防治土壤缺钾，通常采用土壤施用钾肥的方法。氯化钾、硫酸钾是最为普遍应用的钾肥，厩肥也是钾素很好的来源。根外喷施充足的含钾的盐溶液，也可达到较好的防治效果。土壤施用钾肥，主要是在植株根系范围内提供足够的钾素，使之对植株直接有效。要注意防止钾在黏重的土壤中被固定，或在沙质土壤中淋失。缺钾具体补救措施：在果实膨大及花芽分化期，沟施硫酸钾、氯化钾、草木灰等钾肥；生长季的5—9月间，用0.2%~0.3%磷酸二氢钾或0.3%~0.5%硫酸钾溶液结合喷药进行根外追肥，一般3~5次即可。梨园行间覆盖作物秸秆等，可有效促进钾素循环利用，缓解钾素的供需矛盾。控制氮肥的过量施用，保持养分平衡；完善梨园排灌设施，南方多雨季节注意排涝，干旱地区及时灌水等；对防治梨园缺钾症状出现具有重要意义。

4. 缺镁症状及防治方法

（1）症状

枝条中部叶片全镁含量低于0.2%时为缺镁，0.3%~0.8%为适宜，高于1.1%为过量。梨树缺镁初期，成熟叶片的中脉两侧脉间失绿，失绿部分会由淡绿变为黄绿色直至紫红色斑块，但叶脉、叶缘仍保持绿色。缺镁中后期，失绿部分会出现不连续的串珠状，顶端新梢的叶片上也出现失绿斑点。严重缺镁时，叶片中部脉间发生区域坏死，坏死区域比在苹果叶上的表现稍窄，但界限清楚。新梢基部叶片枯萎、脱落后，会向上部叶片扩展，最后只剩下顶端少量薄而淡绿的叶片。镁在树体内能够循环再利用，缺镁严重而落叶的植株，仍能继续生长。

镁元素缺乏，常常发生在温暖湿润、高淋溶的沙质酸性土壤，质地粗的河流冲积土，花岗岩、片麻岩、红色黏土发育的红黄壤，含钠量高的盐碱土及草甸碱土。偏施铵态氮肥、过量施用钾肥、大量使用石灰等，均容易出现缺镁现象。

（2）防治方法

缺镁的防治，通常采用土壤施用或叶面喷施氯化镁、硫酸镁、硝酸镁的方法。采取土施时，每株施0.5~1kg；也可叶面喷施0.3%氯化镁、硫酸镁或硝酸镁，每年3~5次。

5. 缺钼症状及防治方法

（1）症状

缺钼首先从老叶或茎的中部叶片开始，幼叶及生长点出现症状较迟，缺钼严重时可导致整株死亡。一般表现为叶片出现黄色或橙黄色大小不一的斑点，叶缘向上卷曲呈杯状，叶肉残缺或发育不全，脱落。缺钼与缺氮相似，但缺钼叶片易出现斑点，边缘发生焦枯，并向内卷曲，组织失水而萎蔫。

一般缺钼发生在酸性土壤上，淋溶强烈的酸性土，锰浓度高，易引起缺钼。此外，过量施用生理酸性肥料会降低钼的有效性；磷不足、氮量过高、钙量低，也易引起缺钼。

（2）防治方法

缺钼防治有效方法是喷施0.01%~0.05%钼酸铵溶液，为防止新叶受药害，一般在幼果期喷施。对缺钼严重的植株，可加大药的浓度和次数，可在5月、7月、10月各喷施一次0.1%~0.2%钼酸溶液，叶色可望恢复正常。对强酸性土壤梨园，可采用土施石灰防治缺钼；通常每667m^2施用钼酸铵22~40g，与磷肥结合施用效果更好。

6. 缺钙症状及防治方法

（1）症状

钙是树体中不易流动的元素，因此老叶中的钙比幼叶多，而且叶片不缺钙时，果实仍可能表现缺钙。梨树当年生枝条中部完整叶片的全钙含量低于0.8%为钙缺乏，全钙含量1.5%~2.2%为适宜范围。

梨树缺钙早期，叶片或其他器官不表现外部症状，但根系生长差，随后出现根腐，缺钙时根系受害症状表现早于地上部。缺钙初期，幼嫩部位先表现生长停滞、新叶难抽出，嫩叶叶尖、叶缘粘连扭曲、畸形。严重缺钙时，顶芽枯萎，叶片出现斑点或坏死斑块，枝条生长受阻，幼果表皮木栓化，成熟果实表面出现枯斑。

多数情况下，叶片并不显示出缺钙症状，而果实表现缺钙，出现多种生理失调症。例如，苦痘病、裂果、软木栓病、痘斑病、果肉坏死、心腐病、水心病等，特别是在高氮低钙的情况下发病更多。缺钙会降低果实贮藏性能，如梨果贮藏期的“虎皮病”“鸡爪病”等。

容易出现缺钙现象的土壤是：酸性火成岩、硅质砂岩发育的土壤；高雨量区的沙质土，强酸性泥炭土；由蒙脱石风化的黏土；交换性钠、pH值高的盐碱土等。

过多使用生理酸性肥料，如氯化铵、氯化钾、硫酸铵、硫酸钾等，或在病虫防治中，经常使用硫黄粉，均会造成土壤酸化，促使土壤中可溶性钙流失；有机肥施用量少，或沙质土壤有机质缺乏时，土壤吸附保存钙素能力弱。上述情况下，梨树都很容易发生缺钙现象。此外，干旱年份土壤水分不足、土壤盐分浓度大时，根系对钙的吸收困难，也容易出现缺钙症状。

（2）防治方法

防治酸性土壤缺钙，通常可施用石灰（氢氧化钙）。施用石灰不但能防治酸性土壤缺钙，而且可增加磷、钼的有效性，增进硝化作用，改良土壤结构。倘若主要问题仅是缺钙，则可施用石膏、硝酸钙、氯化钙均可获得成功的效果。

梨树缺钙具体防治方法，可在落花后4~6周至采果前3周，于树冠喷布0.3%~0.5%硝酸钙液，15天左右1次，连喷3~4次。果实采收后用2%~4%硝酸钙溶液浸果，可预防贮藏期果肉变褐等生理性病害，增强果实耐贮性。

7. 缺硼症状及防治方法

（1）症状

梨树植株成熟叶片硼含量小于10mg/kg时为缺乏，20~40mg/kg时为适量，大于40mg/kg时为过剩。梨树缺硼时，首先表现在幼嫩组织上，叶变厚而脆，叶脉变红，叶缘微上卷，出现“簇叶”现象。严重缺硼时，叶尖出现干枯皱缩，春天萌芽不正常，发出纤细枝后随即就干枯，顶芽附近呈簇叶多枝状；根尖坏死，根系伸展受阻；花粉发育不良，坐果率降低，幼果果皮木栓化，出现坏死斑并造成裂果；秋季新梢叶片未经霜冻，呈现紫红色。缺硼植株的果实出现“软心”或干斑，形成“缩果病”，有时果实有疙瘩并表现裂果，果肉干而硬、失水严重，风味差，品质下降。萼洼端石细胞常增多，有时果面出现绿色凹陷，凹陷的皮下果肉有木栓化组织。果实经常未成熟即变黄，转色程度参差不齐。植株缺硼严重时会出现树皮溃烂现象。

（2）防治方法

石灰质碱性土，强淋溶的沙质土，耕作层浅、质地粗的酸性土，是最常发生缺硼的土壤种类。天气干旱时，土壤水分亏缺，硼的移动性差、吸收受到限制，容易出现缺硼症状。氮肥过量施用，也会引起氮素和硼素比例失调，梨树缺硼加重。防治土壤缺硼常用土施硼砂、硼酸的方法，因硼砂在冷水中溶解速度很慢，不宜供喷布使用。梨树缺硼时，可用0.1%~0.5%硼酸溶液喷布，通常能获得较满意的效果。

8. 缺锌症状及防治方法

（1）症状

当梨树植株成熟叶片全锌含量低于10mg/kg时为缺乏，全锌含量20~50mg/kg为适宜。梨树缺锌表现为发芽晚，新梢节间变短，叶片变小变窄，叶质脆硬，呈浓淡不均的黄绿色，并呈莲座状畸形。新梢节间极短，顶端簇生小叶，俗称“小叶病”。病枝发芽后很快停止生长，花果小而少，畸形。由于锌对叶绿素合成具有一定作用，因此树体缺锌时，有时叶片也发生黄化。严重缺锌时，枝条枯死，果树产量下降。

发生缺锌的土壤种类主要是有机质含量低的贫瘠土与中性或偏碱性的钙质土，前者有效锌含量低、供给不足，后者锌的有效性低。长期重施磷酸盐肥料的土壤，易导致锌被固定而难以被果树吸收；过量施用磷肥会造成梨树体内磷、锌比失调，降低了锌在植株体内的活性，表现出缺锌症；施用石灰的酸性土壤，易出现缺锌症状；氮肥易加剧缺锌现象。

（2）防治方法

缺锌的防治可采用叶面喷施锌盐、土壤施用锌肥、树干注射含锌溶液及主枝或树干钉入镀锌铁钉等方法，均能取得不同程度的效果。梨园种植苜蓿，也有减少或防止缺锌的趋势。根外喷施硫酸锌，是矫正梨树缺锌最为常用且行之有效的方法。生长季节可于叶面喷施0.5%硫酸锌溶液，休眠季节喷施2.5%硫酸锌溶液。土壤施用锌螯合物，成年梨树每株0.5kg，对防治缺锌最为理想。

9. 缺铁症状及防治方法

（1）症状

在梨树植株成熟叶片中，铁含量低于20mg/kg为铁缺乏，含量60~200mg/kg为适宜范围。梨的缺铁症状和苹果相似，首先是嫩叶的整个叶脉间失绿，而主脉和侧脉仍保持绿色。缺铁严重时，叶片变成柠檬黄色，再逐渐变白，而且有褐色不规则的坏死斑点，最后叶片从边缘开始枯死。树上普遍表现缺铁症状时，枝条细，发育不良，并可能出现梢枯现象。梨树比苹果树更易因石灰过多而导致缺铁失绿。

植株缺铁初期，叶片轻度褪绿，此时很难与其他缺素褪绿区分开来；中期表现为叶脉间褪绿，叶脉仍为绿色，两者之间界限分明，这是诊断植株缺铁的典型症状；褪绿症状严重时，叶肉组织常因失去叶绿素而坏死，坏死范围大的叶片会脱落，有时会出现较多枝条全部落叶的情况。落叶后裸露的枝条可保持绿色达几周时间，如铁素供应增加，还会发出新叶，否则枝条枯死。若不采取补救措施，则缺铁症可一直发展到一个主枝甚至整个植株死亡。

经常发生缺铁的土壤类型是碱性土壤，尤其是石灰质土壤和滨海盐土；土壤有效锰、锌、铜含量过高时，对铁的吸收有拮抗作用；重金属含量高的酸性土壤也易缺铁。土壤排水不良、湿度过大、温度过高或过低、存在真菌或线虫危害等，都会使石灰性土壤累积大量碳酸氢根离子（HCO_3^-），使铁元素被固定，从而造成或加重梨树缺铁现象。磷肥使用过量会诱发缺铁症状，主要有两个方面的原因：一是土壤中存在大量的磷酸根离子可与铁结合形成难溶性磷酸铁盐，不利植株根系吸收；二是梨树吸收了过量的磷酸根离子后，与树体内的铁结合形成难溶性化合物，既阻碍了铁在植株内的运输，又影响铁参与正常的生理代谢。

（2）防治方法

在梨树生产中，通常采用改良土壤、挖根埋瓶、土施硫酸亚铁或叶面喷施螯合铁等方法防治缺铁黄化症，但多因效果不明显或成本过高，未能大面积推广。一些自流输液装置，常因输入速度较慢、二价铁易被氧化，矫治效果不明显，且操作不太方便，应用尚未普及。

10. 缺硫症状及防治方法

（1）症状

梨树植株成熟叶片全硫含量低于 0.1% 为硫缺乏，在 0.17%～0.26% 时为适量范围。梨树缺硫时，幼嫩叶片首先褪绿变黄，失绿黄化的色泽均匀、不易枯干，成熟叶片叶脉发黄，有时叶片呈淡紫红色；茎秆细弱、僵直；根细长而不分枝；开花结果时间延长，果实减少。缺硫严重时，叶细小，叶片向上卷曲、变硬、易碎、提早脱落。

缺硫症状极易与缺氮症状混淆，但二者首先失绿的部位表现不同。缺氮首先表现在老叶，老叶症状比新叶重，叶片容易干枯。而硫在植株中较难移动，因此缺硫时，首先在叶片幼嫩部位出现症状。

缺硫常见于质地粗糙的沙质土壤和有机质含量低的酸性土壤。降水量大、淋溶强烈的梨园，有效硫含量低，容易表现硫素缺乏。此外，远离城市、工矿区的边远地区，雨水中含硫量少；天气寒冷、潮湿，土壤中硫的有效性会降低；长期不用或少用有机肥、含硫肥料和农药，均可能出现缺硫症状。

（2）防治方法

缺少硫则蛋白质形成受阻，而非蛋白质态氮却有所积累，因而影响到体内蛋白质的含量，最终影响作物的产量。当作物缺硫时，即使其他养分都供给充足，增产的潜能也不能充分发挥。当梨树发生缺硫时，每公顷可施用 30～60kg 硫酸铵、硫酸钾或硫磺粉进行防治。叶面喷肥可用 0.3% 硫酸锌、硫酸锰或硫酸铜溶液进行喷施，5～7 天喷 1 次，连续喷 2～3 次即可。

11. 缺锰症状及防治方法

（1）症状

梨树植株叶片锰含量低于 20mg/kg 时为缺锰，60～120mg/kg 时为适量，含量大于 220mg/kg 为锰过剩。梨树缺锰初期，新叶首先表现失绿，叶缘、脉间出现界限不明显的黄色斑点，但叶脉仍为绿色且多为暗绿色，失绿往往由叶缘开始发生。缺锰后期，树冠叶片症状表现普遍，新梢生长量减小，影响植株生长和结果。严重缺锰时，根尖坏死，叶片变薄脱落，失绿部位常出现杂色斑点，变为灰色甚至苍白色，枝梢光秃、枯死，甚至整株死亡。

耕作层浅、质地较粗的山地石砾土上淋溶严重，有效锰供应不足，容易缺锰；石灰性土壤，由于 pH 值高，降低了锰元素的有效性，常出现缺锰症。大量使用铵态氮肥、酸性或生理酸性肥料，会引起土壤酸化，使土壤水溶性锰含量剧烈增加，发生锰过剩症；一般锰元素过剩发生在土壤 pH 值在 5~5.5。如果土壤渍水，还原性锰增加，也容易促发锰过剩症。

（2）防治方法

梨树出现缺锰症状时，可在树冠喷布 0.2%~0.3%硫酸锰液，15 天喷 1 次，共喷 3 次左右。土壤施锰应在土壤内含锰量极少的情况下施用，可将硫酸锰混合在有机肥中撒施。土壤施石灰或铵态氮，都会减少锰的吸收量，也可以以此法来矫正锰元素过剩症状。

（三）配方施肥技术

自德国化学家李比希提出“矿质营养学说”以来，化肥已经成为农业生产不可缺少的一部分。化肥的施用一方面提高了作物的产量，保证了人类对粮食的需求；另一方面也给生态环境造成了一定的负面影响。现代农业面临的一个重要问题，就是如何使化肥在农业生产中最大化地发挥增产作用，又使化肥对生态环境的负面效应最小化。解决这一问题的根本途径是在农业生产中建立一套科学的施肥体系，测土配方施肥正是科学施肥技术之一。

1. 作用

（1）保证粮食安全

随着我国经济的飞速发展、人口增长及人民生活水平的不断提高，粮食需求不断膨胀，而另一方面我国的耕地面积正不断减少。为保证粮食安全，必须提高单位面积产量。在化肥短缺的年代，只要施肥就能增产，没有注意“合理”的问题。随着化肥产量的增加，如何选择、如何施用，就成了农业生产的一个重要问题。只有通过土壤养分测定，根据作物需要，正确确定施用化肥的种类和用量，才能持续稳定地增产，保证粮食安全。

（2）节本增收

肥料投入约占农业生产资料投入的 50%，但施入土壤中的化学肥料利用率较低，如氮肥的当季利用率为 30%~50%，磷肥为 20%~30%，钾肥为 50%左右。未被作物吸收利用的肥料，在土壤中会出现挥发、淋溶和被固定等问题。肥料的损失很大程度上与不合理施肥有关。测土配方施肥能有效控制化肥用量和比例，达到降低成本、增产增收的目的。实施测土配方施肥，氮肥利用率可提高10%以上，磷肥利用率可提高7%~10%，钾肥利用率可提高7%以上。

测土配方施肥节本增收的作用具体表现在：一是调肥增产，即不增加化肥投资，只调整氮、磷、钾等肥料比例，就可达到增产增收；二是减肥增产，在高肥高产地区，通过适当减少肥料用量而达到增产和平产效果。

（3）改善果实品质

测土配方施肥能促使作物平衡吸收养料，抗逆性明显增强，病虫害明显减少，并能提高产量、改善农产品品质。例如，增施钾肥的水果，甜度增加，糖酸比明显提高。实行测土配方施肥，一般来说，常规大宗作物可增产8%~15%，水果等经济特产作物可增产20%左右。每667m^2的节本增效均在30元以上。

（4）节约资源，保护生态，培肥地力

肥料是资源依赖型产品，每生产1吨合成氨约需要1000m^3天然气或1.5吨原煤。氮肥的生产是以消耗大量的能源为代价的，同样磷肥的生产也需要磷矿，目前我国钾肥约70%依赖于进口。所以，采用测土配方施肥技术，以提高肥料的利用率也是构建节约型社会的具体体现。

当前，农田肥料利用率仅为30%左右，而发达国家为50%~60%。也就是说，农民习惯施用的化肥，有70%左右浪费掉了。这些浪费的肥料随雨水流入沟渠、河塘，水质随之变差，甚至部分地区农村地下水都不能直接饮用了，生态环境同时遭到破坏。由于化肥施用不合理，有机肥施用不足，使土壤缺素加重、肥力下降，土壤结构变坏、板结，通透性降低，而且土壤保水、保肥性能减弱。甚至有些地区，由于过量施肥，土壤会酸化和盐碱化，作物不能正常生长，造成耕地土壤质量恶化。施肥不合理，会使土壤肥力降低，作物营养不平衡，导致农产品品质下降。测土配方施肥可改善土壤中养分比例失衡状况，改善土壤团粒结构，达到培肥地力的效果。

（5）利于科学用肥

现阶段，农民施肥不科学，多靠习惯和经验施肥，主要是“重氮磷肥、轻有机肥、忽视钾肥和微肥”，施肥比例长期严重失调。具体表现形式：一是长期偏施氮肥，用碳酸氢铵、过磷酸钙作基肥，尿素作追肥，基本上不施钾肥，肥料用量大但产量不高；二是购买使用的复合肥配方与作物需求不符，比例不合理，效果不好；三是农家肥、有机肥施用太少，很多地方农民甚至不用农家肥、有机肥；四是忽视了硼肥、锌肥等微肥的使用。以上这些状况已经成为发展现代优质、高效农业的重要障碍。配方施肥能有效改善农民用肥的盲目性，指导农民科学用肥。

2. 方法与步骤

配方施肥包括“测土、配方、配肥、供肥、施肥”五个核心环节。土壤取样是土壤测试能否获得成功的关键，但又往往最易被人们所忽视。正确的田间取样是测土施肥体系中一个重要环节，取样是否具有代表性会严重影响测土的精确性。目前，国内对于方形或近方形的耕地采用十字交叉多点取样，对于长形或近长形的地块采用折线取样，对于不规则耕地则依地形地貌分割成若干近方形和近长形的地块，再按方形或长形地块的形式取样。

取样深度也很重要，取样深度应与作物根系密集区相适应。一般取样深度为 15~30cm，对根深的作物可取至 50cm 的深度。用作分析的混合土壤样品，要以 10 个以上样点的土壤混合均匀，然后采用十字交叉法缩分，保留 1kg 左右土样供分析化验。取样时应注意避开追肥时期和追肥位置。因为农田土壤养分含量水平有一定的稳定性，所以并不需要每年采取土样分析。一般氮、磷、钾和有机质等可 3 年分析 1 次，微量元素可 5 年分析 1 次。

3. 注意事项

果树是多年生植物，十几年甚至几十年都生长在固定地点。果树树体的营养生长和生殖生长都具有连续性，果树一般是上一年完成花芽分化，翌年开花、结果。树体当年储存营养物质，对于果树翌年的展叶、开花、坐果、果实前期生长都有很大影响。因此，果树配方施肥也应是多年连续的过程，这就是配方施肥当年肥效不显著的原因之一。

（四）水肥一体化技术

水肥一体化技术又称为“水肥耦合”“随水施肥”“灌溉施肥”等，是将精确施肥与精确灌溉融为一体的农业新技术，作物在吸收水分的同时吸收养分。

1. 优点

水肥一体化技术的优点主要为节水、节肥、省工、优质、高产、高效、环保等。一是该技术与常规施肥相比，可节省肥料 50%以上；二是比传统施肥方法节省施肥劳力 90%以上，一人一天即可完成几十公顷土地的施肥，可更灵活、方便、准确地控制施肥时间和数量；三是显著地增加产量和提高品质，通常产量可以增加 20%以上，果实增大，果形饱满，裂果少；四是应用水肥一体化技术可以减轻病害发生，减少杀菌剂和除草剂的使用，节省成本；五是水肥的协调作用，可以显著减少水的用量，节水量达 50%以上。

2. 技术要点

（1）须建立一套灌溉系统

水肥一体化的灌溉系统可采用喷灌、微喷灌、滴灌、渗灌等。灌溉系统的建立需要考虑果园地形、土壤质地、作物种植方式、水源特点等基本情况，因地制宜。

（2）灌溉制度的确定

根据种植作物的需水量和作物生育期的降水量确定灌水定额。露地微灌施肥的灌溉定额应比大水漫灌减少 50%，保护地滴灌施肥的灌水定额应比大棚畦灌减少 30%~40%。灌溉定额确定后，依据作物的需水规律、降水情况及土壤墒情确定灌水时期、次数和灌水量。

（3）施肥制度的确定

微灌施肥技术和传统施肥技术存在显著的差别。首先根据种植作物的需肥规律、地块的肥力水平及目标产量确定总施肥量、氮磷钾比例及基肥、追肥的比例。作基肥的肥料在整地前施入，追肥则按照不同作物生长期的需肥特性，确定其次数和数量。实施微灌施肥技术可使肥料利用率提高 40%~50%，故微灌施肥的用肥量为常规施肥的 50%~60%。

（4）肥料的选择

选择适宜肥料种类。可选液态肥料，如氨水、沼液、腐殖酸液肥。若用沼液或腐殖酸液肥，则必须过滤，以免堵塞管道。固态肥要求水溶性强，含杂质少，如尿素、硝酸铵、磷酸铵、硫酸钾、硝酸钙、硫酸镁等肥料。

（5）灌溉施肥的操作

首先肥料溶解与混匀，施用液态肥料时不需要搅动或混合，一般固态肥料需要与水混合搅拌成液肥，必要时分离，避免出现沉淀等问题。灌溉施肥的程序：第一阶段，选用不含肥的水湿润；第二阶段，施用肥料溶液灌溉；第三阶段，用不含肥的水清洗灌溉系统。

（6）配套技术

实施水肥一体化技术要配套应用作物良种、病虫害防治和田间管理技术，还可因作物制宜，采用地膜覆盖技术，形成膜下滴灌等形式，充分发挥节水、节肥优势，达到提高作物产量、改善作物品质、增加效益的目的。

三、节水灌溉

我国是水资源极度缺乏的国家之一，水资源缺乏已成为制约我国农业和农村经济社会发展的重要因素。我国果树栽培面积和产量均居世界首位。果树产业在农民增收和农村经济发展中起着越来越重要的作用。果树产业是我国目前农业种植结构调整的重要组成部分，年产值可达 2500 多亿元（束怀瑞，2007）。我国的大部分果树是在干旱和半干旱地区栽培，为了实现果树丰产、优质、高效栽培目标，一方面要进行灌溉，另一方面则要注意节水。果树节水栽培主要从两个方面考虑：一方面应减少有限水资源的损失和浪费，另一方面要提高水分利用效率。而采用适当的灌溉技术和合理的灌溉方法，可显著提高水分的利用效率。

（一）小沟灌溉

沟灌是在作物行间挖灌水沟进行的灌溉。水从输水沟进入灌水沟后，在流动的过程中主要借毛细管作用湿润土壤。沟灌不会破坏作物根部附近的土壤结构，不会导致田面板结，能减少土壤蒸发损失。但是沟灌时，在重力作用下，可能会产生深层渗漏而造成水浪费。果园小沟节灌技术能增大水平侧渗及加快水流速度，比漫灌节水65%，是省工高效的地面灌溉技术。

果园小沟节灌技术方法：①起垄。在树干基部培土，并沿果树种植方向形成高15~30cm、上部宽40~50cm、下部宽100~120cm的弓背形土垄。②开挖灌水沟。灌水沟的数量和布置方法：一般每行树挖2条灌水沟（树行两边一边一条）。在垂直于树冠外缘的下方，向内30cm处（幼龄树园距树干50~80cm，成年大树园距树干120cm左右），沿果树种植方向开挖灌水沟，并与配水道相垂直。③灌水沟的断面结构。灌水沟采用倒梯形断面结构，上口宽30~40cm，下口宽20~30cm，沟深30cm。④灌水沟长度。沙壤土果园灌水沟最大长度为30~50m；黏重土壤果园灌水沟最大长度为50~100m。⑤灌水时间及灌水量。在果树需水关键期灌水，每次灌水至水沟灌满为止。

（二）喷灌

喷灌是利用专门的设备给水加压，并通过管道将有压水送到灌溉地段，通过喷洒器（喷头）喷射到空中散成细小的水滴，均匀地散布在田间进行灌溉的技术。喷灌所用的设备包括动力机械、管道喷头、喷灌泵、喷灌机等。喷灌泵：喷灌用泵要求扬程较高，专用喷灌泵为自吸式离心泵。

1. 喷灌机

喷灌机是将喷头、输水管道、水泵、动力机、机架及移动部件按一定配套方式组合的一种灌水机械。目前，喷灌机分定喷式（定点喷洒逐点移动）和行喷式（边行走边喷洒）两大类。对于中小型农户宜采用轻小型喷灌机。

2. 管道

管道分为移动管道和固定管道。固定管道有塑料管、钢筋混凝土管、铸铁管和钢管。移动管道有三种：①软管，用完后可以卷起来移动或收藏。常用的软管有麻布水龙带、锦塑软管、维塑软管等。②半软管，这种管子在放空后横断面基本保持圆形，也可以卷成盘状。常用半软管有胶管、高压聚乙烯软管等。③硬管，常用硬管有薄壁铝合金管和镀锌薄壁钢管等。为了便于移动，每节管子不能太长，因此需要用接头连接。

3. 喷头

喷头是喷灌系统的主要部件，其功能是将压力水呈雾滴状喷向空中并均匀地洒在灌溉地上。喷头的种类很多，通常按工作压力的大小分类。工作压力在200~500kPa时，射程在15.5~42m为中压喷头，其特点是喷灌强度适中，广泛用于果园、菜地和各类经济作物。

4. 注意事项

①喷灌要根据当地的自然条件、设备条件、能源供应、技术力量、用户经济负担能力等因素，因地制宜加以选用。②水源的水量、流量、水位等应在灌溉设计保证率内，以满足灌区用水需要。③根据土壤特性和地形因素，合理确定喷灌强度，使之等于或小于土壤渗透强度。灌溉强度太大会产生积水和径流；太小则喷水时间长，降低设备利用率。④选用降水特性好的喷头，并根据地形、风向、合理布置喷洒作业点，以提高喷水的均匀度。⑤观测土壤水分和作物生长变化情况，适时适量灌水。

（三）滴灌

滴灌是滴水灌溉的简称，是将水加压后，通过输水管输送有压水，并利用安装在末级管道（称为毛管）上的滴头将输水管内的有压水流消能，以水滴的形式一滴一滴地滴入土壤中。滴灌对土壤冲击力较小，只湿润作物根系附近的局部土壤。采用滴灌灌溉果树，其灌水所湿润土壤面积的湿润比只有15%~30%，因此比较省水。滴灌系统主要由首部枢纽、管路和滴头三部分组成。

1. 首部枢纽

包括水泵（及动力机）、过滤器、控制与测量仪表等。其作用是抽水、调节供水压力与供水量、进行水的过滤等。

2. 管路

包括干管、支管、毛管以及必要的调节设备（如压力表、闸阀、流量调节器等）。其作用是将加压水均匀地输送到滴头。

3. 滴头

安装在塑料毛管上，或与毛管成一体，形成滴灌带，其作用是使水流经过微小的孔道，使它以点滴的方式滴入土壤中。滴头通常放在土壤表面，也可以浅埋保护。

另外，有的滴灌系统还配肥料罐，其中装有浓缩营养液，可用管子直接连接在控制首部的过滤器前面。

4. 注意事项

①容易堵塞。一般情况下，滴头水流孔道直径0.5~1.2mm，极易被水中的各种固体物质所堵塞。因此，滴灌系统对水质的要求极严，要求水中不含泥沙、杂质、藻类及化学沉淀物。②限制根系发展。滴灌只部分湿润土体，而作物根系有向水向肥性，若湿润土体太小或靠近地表，则会影响根系向地下发展，导致作物倒伏；严寒地区的果树可能产生冻害，而其抗旱能力也弱。但这一问题可以通过合理设计和正确布设滴头加以解决。③盐分积累。当在含盐量高的土壤上进行滴灌或利用咸水滴灌时，盐分会积累在湿润区边缘，若遇到小雨，这些盐分可能会被冲到作物根区而引起盐害，这时应继续进行滴灌。在没有充分冲洗条件的地方或是秋季无充足降雨的地方，则不要在高含盐量的土壤上进行滴灌或用咸水滴灌。

（四）微喷灌

微喷灌是通过管道系统将有压水送到作物根部附件，用微喷头将灌溉水喷洒在土壤表面进行灌溉的一种新型灌水方法。微喷灌与滴灌一样，也属于局部灌。其优缺点与滴灌基本相同，节水增产效果明显，但抗堵塞性能优于滴灌，而耗能又比喷灌低。同时，微喷灌还具有降温、除尘、防霜冻、调节田间小气候等作用。微喷头是微喷灌的关键部件，单个微喷头的流量一般不超过250ml/h，射程小于7m。整个微喷灌系统由水源工程、动力装置、输送管道、微喷头四个部分组成。

1. 水源工程

指为获取水源而进行的基础设施建设，如挖掘水井，修建蓄水池、过滤池等。微喷灌水要求干净，无病菌。水质要求pH值中性，杂质少，不堵管道。

2. 动力装置

指吸取水源后产生一定输送喷水压力的装置。包括柴油机（电动机）、水泵、过滤器等。

3. 输送管道

主要包括主干管道、分支管道、控制开关等，为了节省工程开支，一般常用6寸或4寸PVC硬管。为不妨碍地面作业和防盗窃，最好将输送管道埋入地下。

4. 微喷头

微喷装置的终端工作部分，水可通过微喷头喷洒到作物的叶茎上，实现灌溉目的。

第四章　樱桃栽培技术

第一节　中国樱桃的栽培技术

一、苗木选择

选择一年生的健壮的一级或二级苗木定植。壮苗标准：品种纯正，无杂苗、病虫害；根系粗壮且须根多；苗木嫁接口愈合良好，芽眼饱满，且有四个以上的健壮芽。一级苗要求苗高1m以上，且嫁接口以上1cm处的苗木粗度1cm以上；二级苗要求苗高0.8～1m以上，且嫁接口以上1cm处的苗木粗度0.8～1cm。

二、建园与栽植

（一）建园

1. 园地选择

（1）气候

选择年平均温度为16～22℃，绝对最低温度≥-7℃，1月平均温度≥4℃，≥10℃年有效积温在5 000℃以上。

（2）土壤

土壤质地良好，疏松，肥沃，有机质含量在1.0%以上，土层深厚，活土层在60cm以上。

（3）地形地貌

山地、丘陵。中国短柄樱桃属于浅根系，主根不明显，易被大风掀倒，因此园地应选在避风或者设置防风林挡风。选择背风向阳，海拔100m以下，坡度最好在20°以下，最大不应超过25°，地势为山坳谷地或西北向有山屏障的丘陵坡地。

樱桃的园地宜选择地势高、不易积水、地下水位较低的地块，一般雨季地下水位不超过 80cm。平原地最好在村庄的南面或北端有防护林；山坡地选择背风向阳的浅谷地。这两种地块既能防止风害，又能使樱桃在春季得到充足的光照和较多的热量，有利于果实早熟。

（4）土壤、空气与水质

土壤、空气与水质等环境质量条件应符合无公害樱桃生产的要求。

2. 园地规划

（1）小区设置

小区是果园经营管理的最基本单位，小区的划分应根据地形、地势、土壤条件、果园规模等划分为不同或相同面积的作业小区。平原地建园，小区面积应大一些，一般 100 亩左右。小区一般为长方形，南北向延伸，以利于果园获得较均匀的光照。山岭丘地果园小区面积应小一些，根据地形水平设置，长边与等高线平行，以利于水土保持。园区的划分主要遵循以下原则：同一小区内的土壤条件基本一致，以保证同一小区内管理技术一致，从而提高生产效率，达到理想的生产管理效果；有利于果园运输和机械化作业；有利于水土保持工程、施工以及排灌系统的规划；有利于喷药、施肥。

（2）道路设置

道路的多少取决于果园规模和小区的数量，一般由主路、干路和支路组成，主路要求位置适中，贯穿全园，宽 6~7m。小区之间设支路，一般宽 2~4m。面积较大的果园在主路和支路之间应设干路，便于小型汽车和农机具通过。道路设置应与防风林、水渠等相结合，尽量少占果园，一般占果园面积的 3%~5% 为宜。山地果园的道路建设应随地形而异，一般主路可环山而上，呈“之”字形。

（3）排灌设置

与其他果树相比，樱桃园要求排水系统必须完备，并随时维护，确保畅通。否则，雨季高温时，树盘积水 12 小时以上就会引起死树。果园的排水系统分为明渠排水和暗渠排水。明渠多沿小区边界设置，山岭丘地果园应设蓄水设施，排水沟应在梯田内侧。集约化经营的果园必须采用滴灌、渗灌等现代化灌溉方式，不仅可大幅度节水，还可以为樱桃创造一个适宜的土壤环境，以保证树体良好的生长发育。在山坡地或经济条件较落后的地区，可采用沟灌或树盘灌水的方法。灌水系统包括干渠、支渠和输水沟。干渠应设在果园高处，支渠多沿小区边界设置，再沿输水沟将水引入树盘内。

（4）其他设置

主要包括管理用房、库房、变压器、电网等设置。按照樱桃园实际，以方便管理为原则合理设置。

3. 园地整理

园地整理一般分为平整土地、放线定点、道路和排灌渠修建、改土筑墩等。

山坡地栽培应修筑梯田，梯面宽度一般4~5m，不少于3m。东南沿海常有台风或大风袭击，易造成水害、风害，种植宜采用筑墩栽培。

（二）栽植

1. 栽植时间和密度

我国南方各地在秋季落叶至次年春季萌芽前均可定植“中国樱桃”，但以当年12月至次年2月为好。栽植密度应根据园地的立地条件（包括气候、土壤和地势等）、整形修剪方法而定，株行距为（2~4）m×4m，亩栽42~82株。

2. 定植方法及要求

“中国樱桃”在大田种植时要采用以降低地下水位为目的的筑畦垄栽方式，畦宽3~4m，垄穴大小0.5m见方，深0.5m，定植前每穴施厩肥100kg，钙镁磷肥0.25kg，并覆熟土3~4cm，然后将幼苗植入穴内。定植时四周挖深度大于0.5m的排水沟，形成通畅的排水系统，杜绝涝害发生。定植前，并对苗木根系消毒，通常先用10%硫酸铜液浸5秒，再放到2%石灰液浸2min进行消毒。定植时，将根系舒展开，苗扶正，边填土边轻轻向上促苗、踏实，使根系与土充分密接，栽植深度以根颈部与地面相平为宜。定植后宜立即浇定根水，待水渗下后再覆土。

3. 及时定干

栽后将距离嫁接口50cm以上部分剪去。及时覆盖地膜。

三、土肥水管理

（一）施肥

施肥一般分基肥和追肥两类。3年生以内为幼树扩冠期，以施速效氮肥为主，适量辅之磷肥，促进树冠早日形成；4~6年生为初果期，应施有机肥和复合肥，做到控氮、增磷、补钾，抓好秋施基肥和花前追肥；7年以上为盛果树，除秋施基肥和花前追肥外，要注重采后追肥。

1. 基肥

于每年9月下旬至10月中下旬尚未自然落叶前施入，以有机肥为主，可适量加入钙镁磷肥，占全年施肥量50%~70%。一般每亩应施饼肥25kg加栏肥800~1000kg，以复壮树势，增加植株体内贮藏养分含量。

2. 追肥

追肥应视树势而定，一般幼龄果树和初果树因为树势较强而不施追肥，成龄果树一般一年施四次追肥。萌芽开花前追施少量速效性氮肥或复合肥作为催花肥；初花期至盛花期间隔 10 天一次，喷两次 0.3%尿素加 0.2%硼砂液，或 600 倍磷酸二氢钾液加 0.2%硼砂液，或 0.2%硼砂液，或复合肥，以助于提高着果率；在进入果实发育期追施速效性化肥一次，采用尿素加磷酸二氢钾稀释 200 倍叶面喷洒；采果后施肥主要是补充养分、恢复树势，促进花芽分化，提高翌年产量，以每亩施尿素 15kg 和三元复合肥 20kg，补偿采后和矮化修剪的营养消耗。

（二）水分管理

1. 灌水

根据樱桃树生长发育需水的特点，一般进行三次浇水。花前水在樱桃发芽后开花前进行，硬核期灌水量要大，以浸透土壤 50cm 为宜，采前水在采前 10～15 天进行，这个时期灌水应采取少量多次的原则。

2. 排水

在雨季来临之前要及时疏通排水沟，并在果园内修好排水系统，使果园内雨水能迅速排除，避免积涝，防止雨季烂根。

四、整形修剪

中国樱桃的树型主要采用多主枝开心形，干高 40～50cm，选留 4～5 个主枝，主枝分枝角度 40°～70°，每个主枝上配置 2～3 个侧枝，呈顺向外排列，侧枝开张角度约 70°。幼树的生长旺盛，应重视夏季的枝干培养，尽快扩大树冠，培养牢固的骨架。对骨干枝、延长枝适度短截，对非骨干枝轻剪长放，提早结果，逐渐培养各类结果枝组。摘心是“中国樱桃”整形的一个重要环节，一般在 5—7 月间进行，对生长旺的幼龄树宜连续摘心 2～3 次，以控制旺长，促发分枝，加速扩大树冠成形，促进花芽分化，提早成花结果。但对盛果期的“中国樱桃”，前期修剪宜采用保持生长平衡，培养各类结果枝组，中后期宜回缩更新，培养新的枝组，防止早衰和结果部位外移。应重视夏季修剪，以保持结果枝的不断更新。“短柄樱桃”的隐芽寿命 5～10 年，为了回缩更新，回缩处最好有生长较正常的小分枝，这对树体损伤较小；回缩修剪后发出的徒长枝，选择方向、位置与长势适当，向外开展的枝来培养新主枝与侧枝，疏删过多的因短截留下的徒长枝，促发形成结果枝组。大枝更新时，亦应在落叶后进行，以免引起伤口流胶。

为控制树冠高度和早期投产，定干高度以 50cm 为宜，树冠高度控制在 2.5~3m 内。根据当年枝形成结果枝，已结果枝次年不会结果的特点，“中国樱桃”矮化修剪主要是4—8 月的春、夏季修剪，采用边采收边修剪，或者采后立即修剪的方式塑造成低矮的自然开心形，或改造成“Y”形。“中国樱桃”发枝力不强，幼树宜轻剪，大树可重剪。幼树发育枝较多，宜采用拉大基枝角度的方法；大树主要采用疏剪去除过密过强、扰乱树冠的多年生大枝，进行树冠结构调整，促进花芽形成。

五、花果管理

（一）控梢促花

应用 15%多效唑可湿性粉剂对“中国樱桃”的控梢促花作用明显。常用的有土施和喷施两种方式。喷施时期：春梢 10~15cm 时喷第一次，再间隔 20 天喷一次，夏、秋梢各喷一次，喷施浓度 200~600mg/kg，具体应根据树势和树龄而定。土施时期：3 月上中旬或翌年 8—9 月，在树冠外围延长枝垂直的地面上开环状沟浇灌方式。用量根据树势确定，一般树势旺长势强的 4~5 年生树，株施 15%多效唑 2g 兑水后浇灌。但如果多效唑施用不当，会造成新梢停长、叶长皱缩扭曲、花质差、果小且品质劣、易落果等不良症状。使用时应注意：一是使用对象主要是针对不结果的幼旺树，特别是栽植过密而尚未结果的幼旺树；二是使用量要严格掌握，切勿过量，以防幼树未老先衰或引起药害；三是使用方法宜采用喷施为好，以防土施多效唑后抑制生长过度，药效时期过长。

（二）疏花疏果

一是疏花。中国樱桃花量多，结合花前和花期的复剪，疏除枝冠膛内细弱枝及多年生花束状结果枝上的瘦小花芽，花芽膨大后至露蕾前，每个花束状果枝保留 3~4 个花芽；花朵露出后，疏除花序中瘦小的花朵，每个花序保留 2~3 朵花。二是疏果。通常在生理落果后的果实硬核后疏除小果和畸形果，每个短果枝留 3~4 个果，保留横生与向上生的大果。通过疏花疏果措施，疏去过多的花蕾和过量的幼果及畸形果实，减少养分消耗。

第二节　甜樱桃（大樱桃）的栽培技术

一、建园

（一）品种选择和配置

当前，我国生产中栽培的大樱桃品种，只有拉宾斯、斯坦勒等少数品种有自花结实能力，其他绝大多数均为自花不实或结实力很低的品种，需要配置授粉品种。即使是自花结实品种，配置授粉树也能提高结实率。

生产实践表明，在一片大樱桃园中，授粉品种最低不能少于30%，如3个主栽品种混栽，各为1/3为宜。面积较小时，授粉树要占40%～50%，才能满足授粉的需要。平地果园，主栽品种和授粉品种分别按行栽植；丘陵梯田果园，采用阶梯式栽植，即在行内隔一定株数栽一株授粉品种。

（二）园址选择

园址的选择：甜樱桃不耐涝，也不耐盐碱，因此要选择雨季不积水、地下水位低的地块建园，盐碱地不宜建园。

大樱桃不抗旱，根系不很发达。要选择土壤肥沃、疏松，保水性较好的沙质壤土，不宜在沙荒地和黏重土壤上建园，同时一定要有灌水条件。

大樱桃树一般根系较浅，容易被大风吹歪或吹倒，园址应选背风向阳的地块或山坡，并重视营造防风林。

大樱桃树开花早，易受霜害。俗话说："雪下高山，霜打洼"，就是说低洼的地方容易受霜危害。要把园址选在空气流通、地形较高的地方，春季温度回升较缓慢，以推迟开花期，避开霜冻危害。

大樱桃要抢市场，应选择交通方便的地点，最好是大城市郊区，方便市场销售，做到新鲜果品及时上市，可提高大樱桃的经济效益。根据樱桃美观，受人们喜爱，但采摘较困难等特点，也很适宜发展观光果园，果园的地点最好和旅游点相结合。园址选择后，还需要对建园进行统一规划，要将果园划分成几个作业小区，要有贯通全园的道路，要有防风的防护林，特别是对主风向，一定要营造防风林，另外要有灌水和排水系统，以及有管道打药系统和机械化打药的设备。

（三）栽植

1. 栽前土壤改良

大樱桃栽植前，应施足基肥，每亩施土杂肥 5 000kg。撒施后，用深耕犁全面深耕，深度达到 50~60cm。如果园地较小或不便利用机械作业的坡地，也可采取挖定植穴和定植沟的方法。定植穴的大小为直径 100cm，深度 60cm。定植沟的宽度为 150cm，深度 60~70cm。

开穴栽树的做法应该提倡，但要解决死穴与暗涝问题。若松土层较浅，一般深 20~30cm 的地块，在挖穴时，必须在穴与穴之间挖相连接的纵横向沟，以解决死穴问题，防止局部涝害。一般沟的深度应比穴的底部深 10~15cm，然后回填。回填时，沟的底部可放一些作物秸秆，也可结合施一些有机肥，下部应用地表熟土或用结构松散的沙土回填，以提高透水性。

对梯田大樱桃园，应挖好堰下沟和贮水坑，以切断渗透水，防止内涝。堰下沟的深度以地堰的高度而定，地堰低可挖浅一些，地堰高应挖深一些，一般应挖宽 60cm、深 50~60cm 为宜。

2. 栽植时间

我国大樱桃产区，一般都在春季土壤解冻后至苗木发芽前栽植。山东烟台地区果农习惯在 3 月中下旬，临近发芽前定植。实践证明，此时栽植，成活率高。在冬季低温、干旱、多风的北方或沿海，秋栽易出现失水抽干现象，降低成活率，故春栽好于秋栽。

3. 栽植方式

根据地形而定栽植方式。平地建园宜采用长方形，行距宽，株距窄，宽行密植的方式。优点是光照条件好，行间可以开进打药机及小型运输车，便于机械化操作，并省人工。另外，在定植果树后的前 1~3 年，可以种一些间作作物，行间较宽利于间作作物的生长，以后也可以间作绿肥。

栽植行的方向要求南北向，这样，上午和下午可以充分利用阳光，使光照能照到树的下部，中午光线过强，有一部分可以被行间的作物或绿肥利用。山坡地栽植，要采用等高梯田栽植法，较窄的梯田，可栽一行。梯田面宽时，可适当多栽几行，或者在梯田外堰种一行，里面间作作物，因为外堰土壤比较深厚，空间大，光照好。

4. 苗木的选择与处理

定植以前要核对品种，并将苗木按大小严格分级，同种规格的苗木栽植在一起，以保证园相的整齐划一，将不符合生产要求的苗木剔除。合格的苗木标准应该是根系完整，须根发达，有 6 条以上粗度在 5mm 左右，长度约 20cm 的大根，不劈不裂不失水，无病虫害；枝条粗壮，节间较短而均匀，芽眼饱满，皮色光亮，具本品种的典型色泽，无破皮掉芽现象；苗木高度在 1.2m 以上。

定植以前，将经过越冬假植的苗木或者从外地购进的苗木根系放在水中浸泡 12 小时以上可显著提高定植的成活率；如果有条件，可将苗木根系放在由腐熟的鸡粪配成的肥浆中浸泡则效果更好。

浸泡以后，将大根进行修剪，剪去劈裂、损伤部分，病虫危害或腐烂的根要剪至新鲜白茬，无损伤的根仅剪去先端毛茬即可。经过修剪的根系伤口平滑，组织新鲜而有活力，愈合快，发根力强，有利于促进苗木成活和缩短缓苗期。

5. 栽植密度

我国以往的一些大樱桃园，栽植密度一般都比较小，株行距多为 4m×5m 和 5m×6m，个别还有 6m×7m，每公顷栽 240~495 株。为了合理利用土地，充分利用光能，提高早期产量和增强植株群体抗风能力，新建大樱桃园的栽植密度加大。大面积生产园采用（3~4）m×（4~5）m，每公顷 495~825 株；小面积丰产园可采用（2.5~3）m×（3.5~4）m，每公顷 825~1140 株。若利用矮化砧木或紧凑型品种，如短枝斯坦勒等，密度还可适当加大。

6. 栽植方法

全面深翻的园地，不需要再挖大的定植穴，可根据苗木根系的大小挖坑栽植。挖定植穴和定植沟的园地，要在栽植前，先将部分底土、表土、土杂肥混合均匀，回填至坑内，灌水踏实。苗木栽植时，使根系自然舒展，填土过程中，要将苗木略略上提，使根系舒展，然后踏实。苗木栽植的深度一般不要超过嫁接部位。苗木栽植后随即浇水，水渗入后，用土封穴，并在苗木周围培成高 15cm 左右的土堆，以利保蓄土壤水分，防止苗木被风吹歪。苗木发芽后，要视天气情况，及时灌水和排水，以利成活，促其生长。大樱桃怕涝，萌发新根又要求土壤有较高的含氧量。因此，定植当年春季切忌用塑料薄膜覆盖树盘或定植沟，以免烂根死苗。

二、土肥水管理

（一）土壤管理

大樱桃园的土壤管理，主要包括深翻扩穴、中耕松土、果园间作，以及地面覆盖等内容。土壤管理的具体技术和方法，要根据大樱桃园的地形、土壤、栽植密度和树龄等，因地、因树制宜地进行。

1. 深翻扩穴

深翻扩穴的目的，一是加深土层，使大樱桃根系向更深层土壤伸展，从而能更好地固定树体，长势茂盛，优质丰产；二是增加土壤透水性，促进大樱桃生长发育。大樱桃园的土壤深刨，要从幼树期开始，坚持年年进行。

深翻扩穴，一般在 9 月下旬至 10 月中旬结合秋施基肥进行。选择此时深翻的原因；一是由于气温较高，土壤深翻后有利于有机肥的分解吸收；二是断根后根组织容易愈合，对新根形成有利。这主要是因为这个季节根系处于生长活动期，发根快且数量多。

丘陵山地果园可采用半圆扩穴法。即在距树干 1.5m 处开挖环形 50cm 左右深的沟，然后将土与玉米、小麦等作物秸秆和腐熟的厩肥、堆肥等有机肥料混合后分层回填沟内，并随填随踏实，填平后立即浇水，使回填土沉实。这样不但达到了扩穴的目的，而且还增加了土壤中的有机质含量，既改良了土壤，又培肥了地力，促进了根系的生长发育。一株树分两年完成扩穴，以防伤根太多影响树势。

对地势平坦的平原或沙滩地果园，采用“井”字沟法深翻或深耕，分年完成。深翻，即在距树干 1m 处挖深 50cm、宽 50cm 的沟，隔行进行，第二年再挖另一侧。深耕，可先在行间撒上粉碎的秸秆、厩肥等再深翻压入土中。

大樱桃根系较浅，尤其是丘陵山地栽植的以草樱桃作砧木的大樱桃树，根系主要分布在 20~30cm 深的土层中。不抗旱，不抗涝，遇风易倒伏。深翻土壤要达到 20cm 上下，这样不但要使粪、土均匀混合，充分发挥肥效，而且也保证了根系的从容扩展。树冠内根系浅而粗，所以刨地深度宜浅不宜深，以免损伤大根，影响营养的吸收，削弱树势。土壤深翻后，要把地面整平，为了避免雨水积涝，树盘内土面要稍高一些，这样有利于雨水排出树盘，保护根系。

2. 中耕松土

大樱桃对土壤水分敏感，根系要求有较好的土壤透气条件。因此，中耕松土也是大樱桃园土壤管理中一项不可忽视的工作。

大樱桃园的中耕松土，一般是在灌水或雨后进行。特别在进入雨季之后，大樱桃的白色吸收根往往向土壤表层生长。烟台大樱桃产区的群众，把这种习性叫作“雨季泛根”。降雨多时，土壤氧气含量下降，杂草易滋生蔓延。因此，进入雨季后，更要勤锄松土。一则，可以切断土壤毛细管，保蓄土壤水分；二则，可以灭除杂草，改善土壤通气状况。

中耕松土的深度，以 5~10cm 为宜。中耕松土的次数，则要视降雨、灌水，以及杂草的生长情况确定，以没有杂草为度。中耕时，也要注意适当加高树盘土壤，以防积水。

3. 地面覆盖

大樱桃园的地面覆盖，主要有覆草和覆膜等两种方法。

树盘覆草：树盘覆草能使表层土壤温度相对稳定，保持土壤湿度，提高有机质含量，增加团粒结构，在山丘地缺肥少水的果园内覆草尤为重要。覆草还可促进根系生长，特别有利于表层细根的生长，促进树体健壮生长，有利于花芽分化，提高坐果率，增加产量，改善品质。山东烟台果农在大樱桃园覆草后，花朵坐果率比不覆草的提高 24.1%~27.2%，平均单果重比对照高 18.4%，且覆草时间一般以夏季为最好，因此时正值雨季、温度又高，草易腐烂，不易被风吹走。在干旱高温年份，此时覆草可降低高温对表层根的伤害，起到保根的作用。

覆草的种类有麦秸、豆秸、玉米秸、稻草等多种秸秆。数量一般为每亩 2000~2500kg 麦秸，若草源不足，应主要覆盖树盘，覆草厚度为 15~20cm。覆盖前，要把草切成 5cm 左右，撒上尿素或鲜尿堆成垛进行初步腐熟后再覆盖效果更好。覆草时，先浅翻树盘。覆草后用土压住四周，以防被风吹散。刚覆草的果园要注意防火。每次打药时，可先在草上喷洒一遍，集中消灭潜伏于草中的害虫。覆草后若发现叶色变淡，要及时喷一遍 0.4%~0.5%的尿素。

大樱桃园进行覆草，以丘陵山地果园为宜，可有效地防止土壤和养分流失。土质黏重的平地果园及涝洼地不提倡覆草，因其覆草后雨季容易积水，引起涝害。另外，覆草的果园，花期提前 1~2 天，对预防晚霜袭击不利。

地膜覆盖：大樱桃园覆盖塑料薄膜时，宜选用厚度为 0.07mm 的聚乙烯薄膜。覆膜前，先整好树盘，灌水后，将聚乙烯薄膜覆盖在整好的树盘土面上，四周用土压实。覆膜后，不再灌水和中耕除草。一年后薄膜老化破裂时，可更换薄膜，继续覆盖。

4. 果园间作和果园生草

幼树期间，为了充分利用土地和阳光，增加收益，可在行间适当间作经济作物。间作物要种矮秆类，有利于提高土壤肥力的作物，例如花生、绿豆等豆科植物，不宜间作小麦、玉米、高粱、白薯等影响甜樱桃生长的作物。间作时要留足树盘，树行宽要留 2m。间作时间最多不超过 3 年，一般 1~2 年，以不影响树体生长为原则。

果园生草是目前国内外大樱桃栽培中正大力推广的一种现代化的土壤管理方法，也是实现果园仿生栽培的一种有效手段。

大樱桃园生草可采用全园生草、行间生草和株间生草等模式，具体模式应根据果园立地条件、管理条件而定。土层深厚、肥沃，根系分布深的果园，可全园生草；反之，土层浅而瘠薄的果园，可用后两种方式。在年降水量少于 500mm、无灌溉条件的果园，不宜进行生草栽培。

适合大樱桃园生草的种类：禾本科的有早熟禾、百喜草、剪股草、野牛劲、羊胡子草、结缕草、鸭茅、燕麦草等，豆科的有白三叶、红三叶、紫花苜蓿、扁豆黄芪、田菁、豌豆、绿豆、黑豆、多变小冠花、百脉根、乌豇豆、沙打旺、紫云英、苕子等，以及夏至草、泥胡菜、芹菜等有益杂草，近几年有用黑麦草、羊茅草等禾本科牧草，也可用豆科和禾本科牧草混播或与有益杂草如夏至草搭配。

种草时间与播种量：自春季至秋季均可播种，一般春季3—4月和秋季9月地温在15℃以上时最为适宜。春季播种，草被可在6—7月果园草荒发生前形成。播种量视生草种类而定，如黑麦草、羊茅草等牧草每亩用草种2.5~3kg，白三叶、紫花苜蓿等豆科牧草每亩用种量1~1.5kg。

种植方法：可直播和移栽，一般以划沟条播为主。平整土地以后，最好在生草播种以前半个月灌一次水，诱使杂草种子萌发出土，然后喷施短期内降解的除草剂如克芜踪等，10天以后再灌水一次，将残余的除草剂淋溶下去，然后播种草籽，这样可以减少杂草的干扰，否则当生草出苗后，杂草掺和在内，很难拔除。

果园生草应当控制草的长势，适时进行刈割，以缓和春季与大樱桃争夺水分和养分的矛盾，同时还可以增加年内草的产量。一般一年刈割2~4次，灌溉条件好的可以多割一次。初次刈割要等草根扎深、营养体显著增加以后才开始。刈割要掌握好留茬的高度，一般豆科草茬要留1~2个分枝，留茬15cm左右，禾本科草要留有心叶，一般留茬10cm左右，如果留茬太低就会失去再生能力。带状生草的刈割下的草覆盖于树盘上，全园生草的则就地撒开，也可以开沟深埋。

生草园早春施肥应比清耕园增施一半的氮肥；生草5~7年以后，草逐渐老化，应及时翻压，休闲1~2年以后重新播种。翻压以春季为宜，也可以在草上喷洒草膦等除草剂，使草迅速死亡腐烂，翻耕后有机物迅速分解，速效氮激增，应适当减少或停施氮肥。

（二）肥水管理

1. 施肥

（1）大樱桃的需肥特点

大樱桃开花、展叶、抽梢和果实发育到成熟都集中在生长季的前半期，从开花到果实成熟仅需45天左右的时间，绝大部分的梢叶也是在这一时期形成的，而花芽分化又在果实采收后的1~2个月内基本完成，具有生长发育迅速、需肥集中的特点。因此，大樱桃越冬期间贮藏养分的多少、生长结实和花芽分化期间营养水平的高低，对壮树、丰产有重大的影响。

(2) 大樱桃的施肥原则

建立有机肥为主的施肥制度。有机肥不仅具有养分全面的特点，而且可以改善土壤的理化性状，有利于大樱桃根系的发生和生长，扩大根系的分布范围，增强其固地性。早施基肥、多施有机肥还可增加大樱桃贮藏营养，提高坐果率，增加产量，改善品质。

抓住几个关键时期施肥。生命周期中抓早期，先促进旺长，再及时控冠，促进花芽分化。年周期中抓萌芽期、采收后和休眠前三个时期。

以平衡施肥为主。追肥上应以平衡施肥为主，然后根据各时期的需肥特点有所侧重。

(3) 施肥方法

大樱桃的施肥时期、施肥量和施肥方法，因树龄、树势和结果量的不同而不同。山东烟台大樱桃产区，对幼树和初果期树，强调施基肥，一般不施追肥，结果大树则须增加追肥次数。

基肥以有机肥料为主，是较长时间平稳、均衡供给果树多种营养成分的基础性肥料。通过基肥增施有机肥料，能够提高土壤有机质含量，而土壤有机质含量是土壤结构好坏、土质肥沃程度的主要指标；增施有机肥是改良土壤的主要措施之一，是决定大樱桃果实质量的基础，在大樱桃生产中具有不可替代的作用。

有机肥的施肥数量，在目前有机肥料来源严重不足的情况下，至少应该保证500g果施1~1.5kg有机肥的材料。生产当中还应根据树龄、树势及有机肥料的种类和质量而定。山东烟台大樱桃主产区总结多年的施肥经验，认为幼树和初果期树，一般树施入人粪尿30~50kg，或猪粪120kg，结果大树株施入人粪尿60~80kg，或亩施猪圈粪3 000~5 000kg。

基肥用的人粪尿，一定要事先经过拌土堆积发酵后再施用，以防烧伤根系。为提高肥效，堆积发酵时要加入过磷酸钙，其用量是每100kg人粪尿中加入5kg过磷酸钙即可。鸡粪是一种较好的有机肥，对健壮树势、提高果实品质十分有利。近几年，山东烟台不少大樱桃园用腐熟的鸡粪作为基肥的肥源。但必须注意用鸡粪作基肥，一定要事先堆积发酵，腐熟后再施用，避免烧根和滋生虫害。

基肥可以在秋季或春季施用，根据大樱桃的生长特点，基肥宜在秋季早施。一方面，此时地上光合积累充足，根系活动旺盛，伤根容易愈合，切断一些细小根，起到根系修剪的作用，可促发新根；另一方面，根据大樱桃的生理特征，在施基肥时通常要加入适量的速效性氮肥，被树体及时地吸收以后，因此时地上部新生器官已基本停止生长，几乎全部被用来作为积累贮备，可以显著提高树体贮藏营养水平和细胞液浓度，对来年的萌芽开花和新梢早期生长十分有利。此外，早秋施基肥，有机物质腐烂分解时间较长，矿质化程度高，翌年可及时供根系吸收利用，并有利于果园积雪保墒，提高地温，防止根际冻害。

人粪尿多采用开放射状沟施，或开大穴施用；猪圈粪则多土壤深刨进行撒施，或行间开沟深施，沟深 50cm 左右。

（4） 土壤追肥

基肥发挥肥效平稳而缓慢，当大樱桃需肥急迫时必须及时补充方能满足果树生长发育的需要。追肥既是当年壮树、高产、优质的肥料，又给来年生长结果打下基础，是大樱桃生产中不可缺少的施肥环节。

①追肥时期

花果期施肥：此次追肥在谢花后、果核和胚发育期以前进行，目的是为了提高坐果率和供给果实发育、梢叶生长，同时促进果个增大。肥料种类以速效性氮肥为主，配以适量磷钾肥。生产上常用全元复合肥或腐熟人粪尿。注意此次追肥不能晚，过晚往往使果实延迟成熟，品质降低。

采果后补肥：此次追肥是一次关键性的施肥。此时正值从展叶抽梢、开花坐果到果实发育的营养消耗阶段，向营养长时间积累阶段过渡，并开始花芽集中分化，此时及时补充肥料，对增加营养积累促进花芽分化、维持树势健壮，都有重要作用。采果后补肥的种类，主要是腐熟的人粪尿、腐熟豆饼水，以及复合肥等。

秋季施肥：此次追肥常结合秋施基肥施入，主要目的就是提高树体后期的营养积累，增强越冬抗寒能力，为来年的丰产优质打下基础。施肥的种类应以氮肥为主，配以适量的磷、钾肥。缺素症发生严重的园片可随同基肥一块施入相应的微量元素肥料。

②追肥量

确定施肥量的方法很多，然而根据土壤或叶片分析值进行理论计算，现在在实际生产中一时还难以推广，确定施肥量的主要手段，还是凭以往的生产经验。据山东烟台的经验，花果期追肥，成龄大树一般株施复合肥 1~2kg 左右或株施人粪尿 25kg，采果后补肥成龄大树每株施复合肥 1~1. 5kg 或腐熟人粪尿 70kg 或腐熟猪粪尿 100kg，初结果树每株施磷酸二铵 0. 5kg 左右。

③追肥方法

通常腐熟人粪尿或猪粪尿，可采用放射状沟施；复合肥采用在树冠外围 30~50cm 的地方，进行放射状或弧形沟施。开沟时，要多划几条，一般 7~9 条，以扩大施肥面，便于吸收。并可避免肥料过于集中，烧伤根系。

根外追肥是一种应急和辅助土壤施肥的方法，具有见效快和节省用肥等特点。在调节树体长势、促进成花、提高坐果率和改善品质等方面，效果也很明显。

春季萌芽前枝干喷施 2%~3%的尿素液可弥补树体贮藏营养不足，促进萌芽开花和新梢生长，展叶后喷施 0. 2%尿素加 0. 2%磷酸二氢钾或其他配方复合肥（每 10 天喷 1 次，连喷 2~3 次），对扩大叶面积和增加叶厚度都有较明显的作用，有利于幼旺树尽早成花。

花期喷洒 0.3%的尿素和 0.3%硼砂，可明显提高坐果率，促进果实发育。

叶面喷肥的注意事项：一是根外追肥只是果树施肥的辅助性措施，不能代替土壤施肥，只能作为补充；二是应避开降雨和高温，以免降低效果和引起“肥害”，夏季应在温度较低时进行；三是要细致周到，喷布均匀，重点喷叶背面。

三、灌水与排水

（一）灌水

1. 花前水

在萌芽至开花前（3 月中下旬）进行。主要是满足展叶、开花的需求。此时灌水可以降低地温，延迟开花，有利于防止晚霜危害。据调查，花前灌水和不灌水的，开花初期可相差 3~5 天。若早春干旱，效果更为明显。

2. 硬核水

硬核期是果实生长发育最旺盛的时期（5 月初至 5 月中旬前）。这一时期正值果实迅速膨大，果核迅速增长至果实成熟时的大小，胚乳也迅速发育，对水分的供应最敏感。此期若土壤含水量不足，幼果则发育不良，易早衰脱落。因此，这一时期的灌水要勤，一般两次，量要足。据在山东烟台黏壤土樱桃园测定，当根系主要分布层的含水量下降到 11%~12%时，就会发生“柳黄”落果，所以在 10~30cm 土层的土壤含水量下降到 12%以前时，要立即灌水。据调查，在沙壤土上，以毛把酸为砧木嫁接那翁的成龄树，80%的根系分布在 20~40cm 土层中；中国樱桃在冲积性壤土上，根系主要分布在 20~35cm 土层中。土层浅或深，根系分布也会随之或浅些，或深些。据大紫樱桃园的试验表明，在硬核期灌水的比不灌水的可减轻落果 26.1%~29.2%。

3. 采前水

果实采收前（5 月下旬至 6 月初）是果实第二速长膨大期，灌水与否对果实产量和品质影响极大。采前灌水有增大果个，增加果实可溶性固形物（大紫比不浇水提高 2.8 度）含量和提高品质的重要作用。必须指出，采前水要在硬核水的基础上浇灌，如果前期长期干旱，突然在采前灌大水，有时反而引起裂果，特别是容易裂果的品种。

4. 采后水

果实采收后，正值树体恢复和花芽分化的重要时期。此期应结合施肥进行灌水，为翌年打下基础。

灌水方法，一般采用畦灌。有条件时，应提倡采用喷灌。尤其在晚霜来临前，采用喷

2min 停 2min 的间歇喷灌法，可以有效地延迟甜樱桃开花期，避免霜冻危害。

（二）排水

当樱桃园土壤含水量达到土壤最大持水量的 100%时，只需 48 小时，叶片就会开始变黄。因此，樱桃园防涝是一项不可忽视的工作。除了进行节水灌溉，还要开通果园排水系统，使灌入田间过多的水或降雨能及时排出。这项工作应在建园时统筹安排。

挖定植沟时，易涝地块最多沿高低走势挖成定植沟，在较低一端地头挖深 50~60cm 的排水沟，并与各定植沟相通，每年扩穴时也把穴沟与排水沟挖通，以利排水。凡挖定植穴定植的樱桃园最好在 1~2 年内结合扩大穴挖通株间隔。

除沙地果园外，其他土质的果园均应整成低垄，垄高 30cm 左右，行间的正中央是垄沟，方便排灌。

在黏土地果园，定植时可挖小穴定植，穴深 15~25cm，以后逐年挖行间的土培在树盘下，3 年后树盘下的活土层比 2 行树中间可高出 30~40cm，根系都生长在活土层，根系生长的地面较高，不易积水。

四、整形修剪

整形修剪的目的是要调节树体与外界环境的关系，主要是合理地利用光能，调节生长与结果的关系，使果树早结果、丰产、稳产，并且延长盛果期。各种树种生长结果习性不同，整形修剪方式、方法也不同。

（一）修剪有关的特性

与其他树种相比，大樱桃生长发育有其独有的特点，了解并掌握这些特性，对于合理运用各种树形和修剪方法很有必要。

1. 大樱桃萌芽率高，而成枝力相对较低

一年生枝除了基部几个瘪芽外，大部分已萌发。在自然甩放的情况下，一般只有先端 1~4 个芽可抽生中长枝。幼树期间，量大，成形快，有利于早结果，早丰产。整形修剪要充分利用这些特性，采用轻剪为主，促控结合，迅速扩大树冠，促进花芽形成，及早投产。

2. 芽具早熟性

背上新梢留 5~10cm 反复摘心或进行扭梢处理，当年即可成花。在大樱桃整形过程中，要积极运用夏剪措施，提早成形，促进花芽分化和结果枝组的培养。

3. 顶端优势明显

枝条顶端及其附近的芽萌发力强，易抽生多个长枝，而其下端绝大多数为短枝，很少抽生中枝。在自然生长的情况下树冠层性非常明显，任其生长，外围枝条生长强旺，二三年生枝段上的短枝会衰亡枯死。在整形修剪过程中，幼旺树多采用拉枝、刻芽等技术，平衡树势，抑前促后，促发中短枝。盛果期树要减少外围枝拉力，促进内膛枝的发育。

4. 伤口愈合能力较弱

整形过程中造成的剪锯口极易流胶，严重削弱树势。因此，冬季修剪时要少做伤口，尤其是大伤口，必须去掉的大枝，最好在采果后的生长季节进行。

5. 枝条分枝角度小，易形成“夹皮枝”

随着枝龄的增长，夹皮处形成一些死组织，引起流胶，在人工整形时，此处极易劈裂。在修剪时，可采用极重短截清除同龄枝，或抹去剪口下 2~4 芽的做法消除夹皮枝。

（二）主要树形及整形方法

1. 自由纺锤形

这是近年来大樱桃主产区幼树整形修剪中应用最多的树形，具有整形容易、结果早、丰产的优点，适合于密植栽培。

结构特点：干高 40~50cm，树高 3m 左右，中干直立挺拔，其上分层或螺旋着生 15~20 个单轴延伸的主枝，主枝夹度下层为 80°~90°，上层为 90°~120°，基部主枝长 150~200cm，中上部主枝长 100~150cm。主枝上一般不培养侧枝和大控制枝。

整形过程：定植后 60~70cm 定干，保留剪口下第一芽，其下 2~4 芽抹去。当年夏剪对选留的主枝新梢开角至 70°~80°，或于 9 月将其拉至 70°~80°。第二年春季芽萌动时，中干延长枝剪留 40~60cm，具体剪留长度根据下部选留的主枝数量和中干强弱而定，下部主枝多中干强的可剪留长些，下部主枝少中干弱的剪留短些，保留剪口下第一芽，其下 2~4 芽抹去。中干上的芽每隔 4 芽进行刻伤，促发分枝。对选留的主枝缓放或去顶，不能短截。生长季节，主枝上发生的竞争枝、背上直立徒长枝，及时扭梢、摘心、捋枝加以控制，中长枝扭梢促其成花。中心干延长中截后发出的枝任其生长，至 9 月拉至 80°~90°。第三年的整形修剪同上一年，背上枝生长强旺时，可喷 150~200 倍的 PP333 控势促花。经过 3 年的修剪，自由纺锤形可基本完成。之后根据树高和主枝长势情况在适当部位落实开心，控制树高，树体整形可基本完成。

自由纺锤整形时对树势要求较高，树势越强旺，越易培养，成形越快，树形也越理想。这种树形一旦大量结果，树势很易衰弱，因此，要加强土肥水管理，山坡地、土壤比较贫瘠的地块不宜采用，成形后修剪量小，但要保证每个主枝延长枝始终是混合枝。若为中短果枝，则就回缩复壮。

2. 主干疏层形

结构特点：具中央领导干，干高 40~60cm，中心干上着生 6~8 个主枝，分三层。第一层主枝 3 个，每个主枝上着生 2~3 个侧枝，主枝开角 60°~70°，侧枝角度 60°~80°。第二层主枝 2~3 个，开角 45°~60°，每个主枝上配备 1~2 个侧枝，侧枝开角 50°~70°。第三层主枝 1~2 个配备侧枝，直接着生结果枝组。一、二层主枝间的层间距为 70~80cm，二、三层主枝间的层间距为 60~70cm。

整形方法：定植后，60~70cm 定干，保留剪口下第 1 芽，抹去剪口下 2~4 芽，第一年选生长健壮、方位好的新梢作主枝，长至 60cm 时留 50cm 摘心，一般能分生 2~3 个新梢。至 9 月将主枝拉至应有角度，不作主枝的大枝拉至 80°~90°。第二年春季修剪时，中干延长枝留 40~60cm 剪截，发生的新梢留方向好的 2~3 枝选作第二层主枝培养，当其长至 60cm 时摘心促发侧枝，第一层主枝在第一侧枝上 30~40cm 中截，选留第二侧枝，第二侧枝在第一侧枝对面。对辅养大枝可于芽萌动进行刻芽，刻两侧和背后芽，不刻背上芽。至 4 月，对第二层枝进行拉枝，留作主枝的拉至 45°~60°，其余拉至水平。第 3 年春季骨干枝的修剪同第 2 年，生长季节中干延长枝发出的新梢不行摘心，单轴延伸，培养 1~2 个主枝。至此，树体整形已基本完成。

3. 自然开心形

结构特点：无中央领导干，干高 20~40cm，全树 3~4 个主枝，开张角度 30°~40°。每个主枝上留 5~6 个背斜或背后侧枝，插空排列，开张角度 70°~80°，多呈单轴延伸，其上着生结果枝组。树高 3.0~3.5m，整个树冠呈圆形或扁圆形。

整形方法：30~40cm 定干。剪口枝生长直立旺盛时，留 10~15cm 重摘心控制，剪口枝生长不过旺时，可选作主枝，与其下留作主枝的分枝，均留 30~50cm 外芽摘心，去上芽，促生分枝，培养主枝延长枝和侧枝。如果长势仍较旺，在 7 月中下旬前，对主枝延长枝留 30~40cm 行第二次摘心，其余直立旺枝重摘心 1~2 次，控制生长。9 月调整主枝角度到 30°~40°，强主枝角度大些，弱主枝角度小些。侧枝开角到 70°~80°。第二年春剪时，主枝延长枝留 40~50cm 短截，侧枝和其余枝条缓放或去顶。若生长仍较旺时，主枝延长枝继续摘心，加速培养背斜或背后侧枝，竞争枝和背上强枝重摘心或扭梢控制，培养结果枝组。到秋季，再对主枝、侧枝角度加以调整、固定。第三年按照第二年的方法继续选留侧枝，培养结果枝组。有 3 年时间，树形即可基本完成。

4. 丛状形

结构特点：无主干和中央领导干，从近地面处分生出 4~5 个主枝，主枝上直接着生各类结果枝组。

整形方法：定植后留 20~30cm 定干，当年既可发出 3~5 个主枝，当主枝长到 40~50cm 时，留 30~40cm 摘心，促发二次枝，防止内膛光秃。第二年春，对主枝根据生长势情况进行短截，不足 70cm 长的枝，缓放不剪，任其生长。超过 70cm 的枝，留 20~30cm 短截，剪口芽一律留外芽。第三年春剪时只对个别枝进行调整，生长季节对旺枝连续摘心，争加枝量，其余枝条缓放不动，3 年即可完成整形。

丛状形成形快，骨干枝级次少，树体矮小，结果早，抗风力强，不易倒伏，管理方便，缺点是寿命较短，适于丘陵山区或温室边行。

5. 圆柱形

结构特点：干高 30~40cm，树高 2.5m，中干直立，直接着生螺旋状均匀分布的 15~20 个大型结果枝组，结果枝组基角开张至 85°~90°。这种树形整枝简单，容易掌握，适合高密度栽植的果园采用。

整形过程：选用壮苗，定干高度 60~70cm，抹去剪口下 2~4 芽，当年萌发的新梢选最上部、生长势强的枝作中干延长枝，其他各侧生新梢留 10cm 摘心，中干延长枝留 20~25cm 进行摘心，9 月将侧生新梢拉至水平。第二年春季萌芽时，对中干延长枝进行短截，剪留 40~60cm，抹去剪口下 2~4 芽，从中干延长枝基部开始，每隔 4~5 芽选择不同方位刻芽促枝。对已有的结果枝组的延长技进行重截，促发新枝。如结果枝组的延长枝过旺，可去强留弱。夏季继续对中干上萌发的新枝进行摘心，摘留长度同第一年。第三年春季，中干延长枝剪留 60~80cm，中干上继续进行刻芽促枝，夏季进行摘心。三年即可成形。

6. 改良主干形

改良主干形结构简单，骨干枝级次少，整形容易，树体光照好，成花容易，结果枝数量多，营养集中，产量高，品质较好，最适合密度在（2~3）m×（3~3.5）m 条件下干性较强的品种，目前大棚和温室栽培多采用此种树形。

改良主干形类似于苹果的自由纺锤形，有主干和中心干，主干高 50~70cm，树高 2.5~3.3m。在中心干上首生 10~15 个单轴延伸的主枝，下部主枝较长，长 2~2.5m，向上逐渐变短。主枝基角为 40°~45°，在主枝上直接着生大量的结果枝组。

整形方法：第一年春定干高度在距地面 50~70cm 处，通过刻芽促发多主枝。萌芽后选择方位分布均匀、生长势大致一致的 3~5 个新梢培养主枝，其余萌芽一律抹除。第二年萌芽初对上年培养的下部主枝进行拉枝，不短截，只剪除梢头的几个轮生芽，疏除多余分枝，同时对主枝上的侧芽进行芽前刻伤，促发侧枝形成。中心干延长枝留 30~40cm 短截。生长期注意剪除主枝上的直立新梢和梢头多余分枝，并将上年培养的上部主枝拉枝开角，中心干延长枝继续摘心，促发分枝。第三年萌芽初继续拉枝，主枝延长枝留外芽轻短截，疏除徒长枝和直立枝。中心干延长枝留 30~40cm 短截。生长期的整形修剪同第二年生长期，主要抹除多余萌芽和摘除主枝背上直立新梢、徒长枝等。对主枝上的侧生分枝中度摘心，培养结果枝或结果枝组。第四年修剪同第三年，主要疏除内膛徒长枝和直立枝，当株间无空间时，可停止短截主枝延长梢，稳定树势，培养结果枝和结果枝组。

（三）修剪方法

1. 冬季修剪

樱桃枝条组织疏松，导管粗大，休眠期修剪早，剪口极易失水，影响剪口芽的生长。因此，大樱桃最好在萌芽前修剪。修剪方法主要采用短截、缓放、回缩、疏枝等。

（1）短截

剪截去一年生枝的一部分称短截。根据短截的程度不高，可分为轻、中、重、极重四种。剪去一年枝条的 1/4~1/3 的称轻短截，可削弱顶端优势，降低成枝力，缓和外围枝条的生长势，增加短枝数量，提早结果。在一年生枝中部饱满芽处短截，剪去原枝长的1/2的称中短截。中短截有利于增强枝条的生长优势，增加分枝量，一般可抽生出 3~5 个中、长枝。在成枝力弱的品种上多利用中短截增加分枝量，对中心干和主侧枝延长枝幼树期间多用中短截。剪去一年生枝 2/3 左右称为重短截，能促发旺枝，提高营养枝和长果枝的比例，在幼树期间，为平衡树势多采用重短截。在枝条基部留 4~5 芽的短截为极重短截，中心干延长枝的竞争枝常采用极重短截控制其长势，利用背上枝培养小型结果枝时，第一年先极重短截，第二年对发出的强旺枝再次极重短截，中、短枝可缓放形成结果枝组。

幼树期间尽量少用短截，对于骨干枝上过长的延长枝，可进行轻、中短截，以利在适当的部位抽生分枝。对于部分过密的长枝，在适量疏枝的基础上，少量可用重或极重短截，第二年再用摘心等复剪措施培养结果枝组。对于一部分背上直立的强枝和强的中枝，也可采用极重短截各复剪措施，培养结果枝组。对于长势偏弱的成龄树，可适当采用中短截，减少生长点，促进长势，一部分长果枝和混合芽，可采用轻、中短截，提高坐果率。

（2）缓放

对一年生枝条不加修剪或仅破顶，任其自然生长，称为缓放。缓放是大樱桃幼树与初果期树整形修剪过程中常用的修剪方法，有利于缓和枝势和树势，减少长枝数量，有利于花束状短果枝的形成，促进花芽形成，提早结果。使用时应因枝制宜，幼树期间主要缓放中枝和角度较大的枝，直立强旺枝和竞争枝缓放后，长势旺，加粗快，必须将其拉至水平或下垂后再行缓放。缓放应掌握幼树缓平不缓直、缓弱不缓旺，盛果期树缓壮不缓弱、缓外不缓内的原则。

（3）疏枝

把一年生或多年生枝从基部去掉称为疏枝。疏枝可以很好地改善冠内风光条件，削弱或缓和顶端优势，促进骨干枝条后部枝条、枝组的长势和花芽发育。疏枝主要是疏去树冠外围过多的一年生枝、过旺枝、轮生枝、过密的辅养枝或扰乱树形的枝条、无用的徒长枝、细弱枝、病虫枝等，大樱桃树不可一次疏枝过多，尽量不疏或少疏大枝，以免造成过多、过大的伤口而引起流胶或伤口干裂，削弱树势。疏除大枝的最佳时间是在果实采收后的 6 月中下旬。

（4）回缩

剪去或锯去多年生枝的一段称为回缩。适当回缩，能够促进枝条转化，复壮长势，促使潜伏芽萌发，主要用于结果枝组复壮和骨干枝复壮更新上。回缩的对象一般是生长过弱的骨干枝或缓放多年的下垂枝、细弱枝，后部光秃的、需要更新复壮的结果枝组。对一些内膛、下部的多年生枝或下垂缓放多年的单轴枝组，不宜回缩过重，应先在后部选择有前途的枝条短截培养，逐步回缩，待培养出较好的枝组时再回缩到位。否则若回缩过重，因叶面积减少，一时难以恢复，极易引起枝组的加速衰亡。

2. 夏季修剪

夏季修剪是指从春季萌芽至秋季落叶以前这一时期的修剪，主要修剪方法有：刻芽、摘心、扭梢、拿枝、拉枝等。夏季修剪减少新梢的无效生长，调节骨干枝角度，改善光照条件，使树体早成形、早成花、早结果。

（1）刻芽

在芽的上方，造一道横向的伤口，深达木质部，称为刻芽。刻芽能够提高萌芽率和成枝力，有利于培养健壮的中、小型结果枝组，是大樱桃早果丰产的一条行之有效的措施。刻芽的时间是在大樱桃芽膨大期，在芽的上方 0.5～1cm 处，用钢锯条横拉一下，弧长为枝条周长的 1/3。甩放的大枝间隔 2～3 芽刻两侧芽，不刻背上和背后芽。中干延长枝在须发枝的部位进行刻芽促发长枝。

（2）摘心

在新梢木质化以前，摘除先端的幼嫩部分称为摘心。摘心可增加枝叶量，减少无效生长，促进花芽形成，提高坐果率和果实品质。摘心的时间和方法视目的而定。如果以扩大树冠、增加分枝、培养骨干枝为目的，可在新梢长到所需长度摘去 10cm 左右，试验表明，摘心较晚，摘留长度较长，则促发分枝数较多。树势旺时，年内可摘心两次，但不要晚于 7 月下旬，否则新梢不充实易受冻而抽干，两次摘心可增加发枝数量。如果以抑制外围和背上新梢旺长促分枝、加速枝组培养和促花芽形成为目的，可在新梢长到 10~15cm 时，留 5~10cm 摘心，两次新梢旺时，可连续摘心，往往当年即可成花，形成结果枝。开花坐果后，如抽生新梢过多，尤其是一部分短枝和中枝转化的长枝，必须及时摘心控长，以减少生理落果。

（3）扭梢

在新梢未木质化时，用手捏住新梢的中下部反向扭曲 180°，使新梢水平或下垂的，这种复剪方法称为扭梢。扭梢通过改变新梢的生长方向，缓和枝势，促进花芽分化。扭梢过早，新梢柔嫩，尚未木质化，易折断。扭梢过晚，新梢已木质化，皮层与木质部易分离，也易折断。扭梢的最佳时间是新梢长到 20~30cm 未木质化时进行，一手握住基部 5~10cm 处，一手握住新梢轻轻旋转，伤及木质部和皮层但不折断。

（4）拿枝

对旺梢逐段捋拿，伤及木质而不折断称为拿枝。拿枝是控制一年生直立枝、竞争枝和其他壮营养枝的有效方法。5—8 月皆可进行，从枝条的基部开始，一只手将新梢固定，另一只手开始折弯，向上每 5cm 弯折一下，直到先端为止。如果枝条长势过旺，可连续进行数次，枝条即能弯成水平或下垂状，经过拿枝，改变了枝条的姿势，削弱了顶端优势，使生长势大为减弱，有利于花芽分化。

（5）拉枝

用铁丝、绳等将枝条拉至所要求的方位和角度称为拉枝。通过拉枝，可以开张主枝角度，削弱极旺生长，缓和树势，促发短枝，促进花芽分化，防止结果部位外移。多年生枝每年春季树体萌芽后到新梢开始生长前这段时间拉枝，此时，各级枝条处于最软最易开角的阶段，不易劈裂，当年新梢以 9 月拉枝为好。拉枝时，绳索与被拉枝条间最好用胶皮等物垫一下，防止绳索或铁丝绞缢进枝内。拉枝要将枝条拉至水平，严禁出现弓背，造成背上冒条。

（四）结果枝组的培养

1. 小型结果枝组的培养

当一个结果枝所处的空间较小或在主枝的先端及背上时，宜培养成小型结果枝组，方法是在生长季节进行连续摘心或扭枝，然后缓放，背上的强旺枝冬季进行极重短截，促发水平枝或斜生枝，生长直立的枝拿枝处理。

2. 大、中型结果枝组的培养

当一个枝处的空间较大时，冬季修剪先行中短截，一般能萌发 3~4 个枝，夏季对背上枝扭梢，水平或斜生的中长枝连续中度摘心，短枝缓放，第二年冬对强旺枝重或极重短截，中、短枝缓放。

（五）不同年龄时期树的修剪

1. 幼龄树的修剪

幼龄期树一般指从定植到少量结果前这一时期，3~4 年，这个时期的主要修剪任务是培养树体结构，尽快扩大树冠，培养结果枝组，平衡树势，尽快完成幼树整形工作。

（1）定植后第一年的修剪

苗木定植第一年，要经历一个“缓苗期”，长势一般不很旺盛。在这一年里，要根据整形的要求，进行定干，并选留好第一层主枝。

定干高度要根据种类品种特性、苗木生长情况、立地条件及整形要求等确定。培养开心自然形时，定干高度 20~40cm，培养自然纺锤形时，定干高度为 65cm 左右。一般成枝力强、树冠开张的种类和品种，以及平地、沙地条件下，定干宜高些；成枝力弱、树冠较直立的种类和品种，以及山丘地条件下，定干高度可稍低。定干后的苗木，发芽前，要在苗干近地面处，绑缚喇叭形纸套，上端扎紧，下端开口，以防大灰象甲爬到苗干上食害初萌发的嫩芽。

定干后，一般可抽生 3~5 个长枝。冬季修剪时，要根据发枝情况选留主枝。培养开心自然形时，要先选留好 2~4 个长势健壮、方位角度适宜的枝条，作为主枝。定干后的剪口枝进行重短截，及早开心，剪留长度 20cm 左右。选作主枝的枝条，剪留长度一般为 40~50cm。强枝宜稍短，弱枝可稍长。

培养主干疏层形时，要先选留定干剪口下的直立壮枝，作中央领导干，剪留长度 50cm 左右。再从其余枝条中，选留 2~3 个生长健壮、方位角度适宜的，作为主枝，剪留长度 40~50cm。

培养自由纺锤形的，要拉开主枝角度至近水平状态，中干延长枝的剪留长度，一般为 50cm 左右。

定干后的苗木，如果分枝部位很低时，则可参照开心自然形的选枝要求和修剪方法，培养为丛状形。

（2）定植后第二年的修剪

经过一年“缓苗”之后，定植后第二年的大樱桃幼树一般可以恢复生长，并开始旺盛生长，在这一年里，要采取生长期修剪的措施，控制新梢旺长，增加分枝级次，促进树冠扩大。通过休眠期修剪，继续选留、培养好第一层主枝，开始选留第二层主枝和第一层主枝上的侧枝。

生长期修剪的具体方法是，6 月中旬前后新梢速长期，当新梢生长长度达到 20cm 时，掐去嫩梢前端，使新梢加长生长暂趋停顿，促进侧芽萌发抽枝。如果新梢加长生长仍很旺盛时，可每隔 20~25cm，连续摘心几次。

休眠期修剪的具体方法，要根据幼树的生长情况灵活运用。如果第一年已选足了第一层主枝，并且经过第二年生长期摘心，分枝较多时，培养开心自然形的，即可在离主枝基部 60cm 的部位，选择 1~2 个方位角度适宜的枝条，培养为一二侧枝，培养自由纺锤形的，要在维持中干延长枝剪留长度 50cm 左右的同时，切实控制好竞争枝和主枝背上的旺长枝。

如果第一年没有留足第一层主枝，或者未行生长期摘心、分枝较少时，则要先选足第一层主枝，根据情况选留侧枝。

（3）定植后第三年至第五年的修剪

要根据整形的要求，继续选留、培养好各级骨干枝，要利用拉枝、撑枝等方法，调整骨干枝的开张角度，要维持好树体的主从关系，注意平衡树势，继续搞好新梢摘心，并开始培养结果枝组。

中干延长枝剪留 40~60cm，抹去剪口下 2~4 芽，一般能抽生 3~5 个长枝，方位、角度适宜的，可选作主枝，斜生、中庸枝条，缓放或轻短截，促使形成花芽结果。

大樱桃干性强，生长迅速，幼树期间要切实维持好树体的主从关系，均衡树体长势，特别是在培养小冠疏层形和自由纺锤形时，要严格防止上强，采用自由纺锤形整枝的，至三年生可基本完成整形。此后，可视树高适时开心，主枝长势强的，开心宜迟，主枝长势弱的，宜及早开心。

2. 初果期树的修剪

大樱桃定植 3~4 年后即进入初果期，此期对于整形期间尚未完成树冠整形的树，要继续通过主枝延长枝或中干延长枝适度短截，选择适当部位侧芽或叶丛枝刻伤促萌，培养新的侧枝或主枝；对于树体高度已达到 3m，下部主枝或侧枝长势已趋中庸健壮的树，可以在顶部一个主枝或顶部一个侧生分枝上落头开心。对于角度偏小或过大的骨干枝，仍需要通过拉枝或撑吊予以调整。对于整形期间选留不当、过多过密的大枝，以及骨干枝背上的大枝，要及时疏除。

要根据品种的生长结果特性，采取相应的方法培养结果树组。成枝力弱的品种，多选择骨干枝背上或两侧的中强枝条培养结果枝组。具体方法是：第一年留 20cm 重短截，第二年对先端枝条再短截作枝组带头枝，其下的枝条，过密者疏除，弱枝缓放，中庸枝条中短截促生分枝。第三年疏除先端的强旺枝，缓放下部的中、弱枝。上一年缓放形成叶丛枝和中、弱枝，可在弱分枝处缩剪。这样培养的结果枝组，枝轴粗壮，枝组紧凑，分枝多，经济寿命长。成枝力强的品种利用中强枝培养结果枝组时，也要先行重短截，翌年发枝后，对新梢摘心促生分枝；第三年疏除先端强枝，缓放中、弱枝条，培养为结果枝组结果。

3. 盛果期树的修剪

大樱桃生长七八年后，进入盛果期，修剪的主要任务是保持中庸、健壮、稳定的长势，维持合理的群体结构和树体结构，维持结果枝组和结果树良好的生长结果能力。

在调整树体结构、改善冠内通风透光条件方面，主要是在采果后，对强旺直立挡光的大枝、紊乱树冠的过密多年生枝，以及后部光秃、结果部位外移出去的大枝，要本着影响一点去一点、影响一面去一段的原则，根据情况进行疏枝或缩剪调整，对于严重影响冠内通风透光条件，又无保留价值的直立强旺大枝，要从基部疏除。对于影响冠内局部通风透光条件，又有一定结果能力的多年生大枝，要在其角度比较开张，并具有生长能力的较大分枝处缩剪。具体处理时，高级次大枝应用疏枝的方法较多，低级次大枝，特别是骨干枝，则主要应用缩剪调整。

在维持和复壮结果枝组生长结果能力方面，对延伸型枝组来说，只要其中轴上的多年生短果枝和花束状果枝莲座叶发达，叶片中大，叶腋间形成的花芽饱满充实，坐果率较高，果个发育良好，则表明该结果枝组及其上的结果枝生长结果正常。对这种枝组可以采用缩放修剪法予以维持，放时以中庸枝带头，不必短截，缩时轻回缩到 2~3 年生枝段上，选中庸枝或偏弱的中枝带头，以保持稳定的枝芽量。当枝轴上的多年生短果枝和花束状果枝叶数减少，叶片变小，叶腋间的花芽也变小，坐果率开始下降时，则要及时轻回缩，选偏弱枝带头，或闷顶不留带头枝，以适当减少枝芽数量，维持和巩固中、后部的结果枝。切忌重回缩，减少结果部位，降低结果能力。对分枝型枝组来说，则要根据中下部的结果能力，经常在枝组前端的 2~3 年生枝段处缩剪，促生分枝，增强长势，增加中、长果枝和混合枝的比例，维持和复壮枝组的生长结果能力。

4. 衰老期的修剪

大樱桃自开始结果经过十七八年的时间，生长结果能力开始明显减退，甚至出现衰亡，因此，要根据情况在 2~3 年内，分批缩剪更新，促使骨干枝基部的潜伏芽萌发抽枝。缩剪后的大骨干枝，一般每缩剪部位能够抽生几个萌条，要从中选择一个长势健壮、方位角度适宜的，保留作为更新枝。其余枝条要尽早抹除，以促进更新枝生长，待更新枝生长到 50cm 长时，适时摘心，促发二次枝，尽早形成新的树冠，恢复产量。

五、花果管理

（一）花期授粉

大樱桃多数品种自花结实能力很低，需要异花授粉才能正常结果。大樱桃的开花期较早，常能遇到低温等不良天气。因此，栽培上为确保坐果，除建园时须合理配置授粉树外，每年花期都应进行辅助授粉，以促进坐果。实践证明，授粉对提高大樱桃的坐果效果显著，已经在大樱桃栽培区推广。

1. 人工授粉

大樱桃花量大，果农又尚未形成疏花的习惯，因此，要像苹果、梨那样通过采花取粉，然后人工点授的方法困难很大，也不太切合实际。生产上当前可采用制作两种授粉器，在不需要采花取粉的情况下进行人工授粉：一种是球式授粉器，即在一根木棍或竹竿（长短根据需要而定）的顶端，缠绑一个直径5~6cm的泡沫塑料球或洁净纱布袋，用其在授粉及被授粉树的花序之间，轻轻接触擦花，达到既采粉又授粉的目的。球式授粉器适用于在分枝型结果枝组上授粉，但工作效率较低。另一种是棍式授粉器，即选用一根长1.2~1.5m，粗约3cm长的木棍或竹竿，在一端缠上50cm长的泡沫塑料，泡沫塑料外包一层洁净纱布，用其在不同品种的花朵上滚动，也可达到既采粉又授粉的目的。棍式授粉器适合于单轴延伸型结果枝组上应用，工作效率很高。自盛花期开始，要分2~3次进行，以保证开花期不同的花朵都能充分及时授粉。据山东福山、莱山等地的应用，花朵坐果率一般可提高10%~25%。

2. 利用昆虫访花授粉

（1）壁蜂

壁蜂有角额壁蜂、凹唇壁蜂、紫壁蜂等品种，生产上以利用前两种为主，角额壁蜂，日本又称小豆蜂，是日本果园用作访花授粉最广泛的一种昆虫，1987年由中国科学院生防室从日本引进，现已在山东烟台、威海等地推广。壁蜂具有春季活动早（3月下旬至4月初），适应能力强，活跃灵敏，访花频率高，繁育、释放方便等特点，是大樱桃园访花授粉昆虫中的一个优良蜂种。一般在果树开花前5~7天释放，将蜂茧放在果园提前准备好的简易蜂（巢）箱里，每公顷果园放蜂1500~3000头，放蜂箱15~20个。蜂箱离地45cm左右，箱口朝南（或东南），箱前50cm处挖一条小沟或坑，备少量水，存放在穴内，作为壁蜂的采水场。一般在放蜂后5天左右为出蜂高峰，此时正值大樱桃始花期，壁蜂出巢活动访花时间，也正是大樱桃授粉的最佳时刻。

（2）蜜蜂

蜜蜂多为人工饲养，我国果农早有在果园饲养蜜蜂的习惯。但蜜蜂出巢活动的气温要求比壁蜂高，因此对开花期较早的大樱桃来说，授粉效果不如壁蜂，因蜜蜂是移动饲养且最初飞行的日子仅仅采访最近的花朵，因此，大樱桃一开始开花就应该将其引入果园。一般 0.4~0.667 公顷果园放置一箱蜜蜂为宜。

3. 其他有关辅助措施

花期前后喷尿素或低浓度的赤霉素，有助于授粉受精，提高坐果率。据山东烟台的果农试验，在大樱桃盛花期前后，喷布 2 次或 1 次尿素液，那翁花朵坐果率较对照分别高 12.9%和 5.9%；大紫分别提高 21.8%和 11.9%。花期前后喷低浓度的赤霉素效果也很好。据烟台芝罘区卧龙村在红丰和那翁两个品种上的试验，在 4 月 19 日（盛花期）和 5 月 1 日（脱裤期）各喷 2 次 40~50mg/kg 的赤霉素，花朵坐果率红丰是对照的 3.7 倍，那翁是对照的 2.4 倍。

（二）疏花疏果

大樱桃果个大小和果实品质，与叶面积之间呈正相关关系，因此，对于长势较弱、花果数量多的树，有必要疏除多余的花蕾和幼果。

1. 疏蕾

疏蕾，一般在开花前进行，主要是疏除细弱果枝上的小花和畸形花。每花束状果枝上，保留 2~3 个饱满花蕾即可。试验表明，在一定的疏花程度范围内，随着疏花程度的增加，结实率和单果重均相应提高。

疏蕾，尽管在改进果实品质方面有显著作用，但毕竟操作比较麻烦、费力。因此，最宜在冬季修剪剪除弱果枝的基础上配合进行。

2. 疏果

疏果，一般是在 5 月中旬大樱桃生理落果后进行。疏果的程度，依树体长势和坐果情况确定。一般是 1 个花束状果枝留 3~4 个果实即可，最多 4~5 个。疏果时，要把小果、畸形果和着色不良的下垂果疏除。试验表明，疏果后，株产提高 12%~22.7%，单果重增加 3.8%~15%，花芽数量多，发育质量较好。疏果配合以新梢摘心措施，这些效应可进一步提高，株产提高 44.9%，单果重增加 48.3%，花芽数量多，发育质量好。

（三）预防裂果

裂果是果实接近成熟时，久旱遇雨或突然浇水，由于果皮吸收雨水增加膨压或果肉和果皮生长速度不一致而造成果皮破裂的一种生理障害。裂果的数量和程度，因品种特性和降雨量而不同。研究认为，吸水力强、果面气孔大、气孔密度高，以及果皮强度低的品种，如艳阳、水晶、滨库等裂果重。在大樱桃果实发育的第三个时期（即第二次迅速生长期），裂果指数随着单果重的增加而增加。果实采收前，降雨量大或大量灌水时，会加重裂果。裂果严重降低其商品价值。因此，在生产上要采取措施减轻和防止裂果。

1. 选用抗裂果品种

从严格意义上讲，目前大樱桃尚未发现完全抗裂果的品种。在容易发生裂果的地区，可以选用拉宾斯、萨米特等比较抗裂果的品种。也可根据当地雨季来临的早晚，选用雨季来临果实已经成熟品种或中早成熟品种，如早红宝石、意大利早红、红灯、芝果红等。

2. 维持相对稳定的土壤含水量

相关的研究认为，当根系主要分布层的含水量下降到10%~20%时，就会出现旱象，发生旱黄落果。如果这种情况出现在果实硬核至第二次速长期，遇有降雨或灌大水时，就会发生裂果。因此，大樱桃园10~30cm深的土壤含水量，下降到田间最大持水量60%以前，就要灌水，并且小水勤浇，维持相对稳定的土壤含水量，这是防止裂果的关键。

3. 利用防雨篷进行避雨栽培

据日本资料，在防裂果措施中效果最好的是防雨篷，大体有四种形式，即顶篷式、帷帘式、雨伞式和包皮式。防雨篷用塑料薄膜做成，采用防雨篷保护性栽培，因见光不良，果实要晚熟2~3天。采用这种装置，可以减轻裂果和灰霉病的发生，能适时采收，提高品质。

（四）预防鸟害

成熟的大樱桃很易遭到鸟的取食，特别是有成片树林附近的樱桃园受害更重。

国外预防鸟害的方法较多，如美国大田樱桃园采取的措施有：采收前7天在树上喷杀虫剂来梭威，使害鸟忌避；用扩音器播出有害鸟惨叫声的录音磁带，把害鸟吓跑；用高频警报装置干扰鸟类的听觉系统。庭院樱桃采用的措施有：在树的前后左右悬挂黑线，鸟因不能看黑线，接触时便受惊飞去；悬挂稻草人；把发光的马口铁或锡箔放在树上随风摇曳，惊吓害鸟。但这些办法，时间长了，往往收效甚微。最常用最有效的方法是撒网，即在每棵树冠上架设网罩，将树体保护起来。

我国有鸟害的大樱桃产区，目前尚无更有效的防治方法，今后如能与各种类型的设施栽培相结合，当可收到良好的预防效果。

第五章 果树病虫害的理论分析

第一节 认识昆虫

一、认识昆虫的外形

昆虫纲成虫的共同形态特征是：成虫身体分为头、胸、腹三个体段；头部有口器和一对触角、一对复眼，通常还有2~3个单眼；胸部由三个体节组成，有三对分节的足，大部分种类有两对翅；腹部一般由9~11节组成，末端有外生殖器，有的还有一对尾须；身体外层具坚韧的“外骨骼”。

（一）昆虫的头部

昆虫的头部位于身体的最前端，头壳外壁坚硬，多呈半球形，头壳上有许多沟和缝，将头壳分为额、颊、唇基、头顶和后头五个区。头上生有触角、复眼、单眼等感觉器官和取食的口器。所以，头部是昆虫感觉和取食的中心。

1. 昆虫的头式

昆虫由于取食方式的不同，口器的形状及着生的位置也发生了相应的变化，根据口器着生方向，可将昆虫的头部形式分为三大类。

（1）下口式

口器向下，头部的纵轴与身体的纵轴几乎成直角。多见于植食性昆虫，如蝗虫、螽斯、天牛、蝶蛾类幼虫等。

（2）前口式

口器向前，头部的纵轴与身体的纵轴接近平行。多见于潜食、钻蛀和捕食性昆虫，如蝼蛄、步甲、草蛉幼虫等。

（3）后口式

口器向后，头部的纵轴与身体的纵轴成锐角，多为刺吸式口器昆虫，如蚱蝉、蚜虫、椿象等。

2. **昆虫的触角**

(1) 触角的构造与功能

昆虫的触角着生于额的两侧。触角的基本构造可分为三个部分，即柄节、梗节和鞭节。柄节是连接头部的一节，通常粗而短。第二节是梗节，一般较细小。梗节以后的各小节统称为鞭节。

昆虫触角的主要功能是嗅觉和触觉，在觅食、求偶和产卵活动中起着重要的作用。

(2) 触角的类型

昆虫触角的形状多种多样，常见的类型有以下几种：

①刚毛状。触角很短小，基部两节稍粗，鞭节突然细缩呈刚毛状。如蚱蝉、蜻蜓的触角。

②丝（线）状。触角细长，除基部 1~2 节稍粗大外，其余各节大小相似。如蝗虫、蟋蟀的触角。

③念珠状。鞭节由近似圆珠形的小节组成，大小相似，像一串念珠。如白蚁的触角。

④球杆（棒）状。触角细长如杆，近端部数节逐渐膨大，形似棒球杆。如蝶类的触角。

⑤锤状。与球杆状相似，但触角较短，末端数节显著膨大，形状似锤。如瓢虫的触角。

⑥锯齿状。鞭节各节向一侧作齿状突出，形似锯齿。如叩头甲的触角。

⑦栉齿状。鞭节各节向一侧作枝状突出，形似梳子。如雄性芫菁的触角。

⑧羽毛状。鞭节各节向两侧伸出枝状突出，形似鸟羽。如毒蛾、雄性小地老虎的触角。

⑨膝状。柄节特长，梗节短小，鞭节各节大小相似与柄节形成膝状弯曲。如蜜蜂的触角。

⑩环毛状。触角各亚节向四周生出环状毛。如雄蚊的触角。

⑪具芒状。触角短，鞭节只有一节，较柄节和梗节粗大，其上有一刚毛状或芒状构造称为触芒。如蝉类的触角。

⑫鳃片状。触角端部数节呈片状，相叠一起形似鱼鳃。如金龟甲的触角。

(3) 触角类型和功能在实践上的意义

触角的形状、分节数目或着生位置等随昆虫种类不同而有差异，因此，触角常作为昆虫分类的重要特征。如直翅目的触角为丝状，同翅目叶蝉科触角为刚毛状，蚜总科则为丝状等。另外，触角还可借以鉴别昆虫的雌雄。多种昆虫雄虫的触角常较雌虫发达，在触角的形状上表现出明显的性二型现象，如马尾松毛虫、小地老虎等，雄蛾触角为羽毛状，雌蛾则为丝状；天牛科雄虫触角往往比雌虫的长得多等。

3. 昆虫的眼

昆虫的眼有复眼和单眼之分。复眼着生在昆虫头部两侧，由许多小眼组成，昆虫复眼中小眼数目的多少与造像的清晰度成正相关，如蜻蜓的复眼有20 000多个小眼，它的视力很强。复眼对光线的强弱、波长、颜色具有明显的分辨力。

单眼一般为3个，呈倒三角形，排列在额区两复眼间。单眼只能分辨光线的强弱和方向，不能看清物体的形状。单眼的有无、数目、排列和着生的位置是鉴别昆虫的重要特征。

4. 昆虫的口器

口器是昆虫的取食器官，由于昆虫的种类、食性和取食方式不同，它们的口器在外形和构造上有各种不同的特化，形成各种不同的口器类型。但基本类型为咀嚼式和吸收式两大类，吸收式口器又因吸收方式不同分为刺吸式、虹吸式、舐吸式等。咀嚼式口器是比较原始的，其他口器类型都是由它演化而来。

（1）咀嚼式口器

由上唇、上颚、下颚、下唇和舌五个部分组成。上唇为片状，位于口器上方，着生于唇基的前缘，具有味觉作用；上颚位于上唇下方两侧，为坚硬的齿状物，用以切断和磨碎食物；一对下颚位于上颚的后方，上生一对具有味觉作用的下颚须，是辅助上颚取食的结构；下唇片状，位于口器的底部，其上生有一对下唇须，具有味觉和托持食物的功能；舌为柔软的袋状，位于口腔中央，具有味觉和搅拌食物的作用。咀嚼式口器适于取食固体食物，一般食量较大，对植物造成的机械损伤明显。

（2）刺吸式口器

这种口器的构造特点是：下唇延长成为喙管，上下颚特化成细长的口针，下颚针内侧有两根槽，两下颚针合并时形成两条细管，一条是排出唾液的唾液管，一条是吸取汁液的食物管。四根口针互相嵌合在一起，藏在喙内。上唇很短，盖在喙基部的前方。下颚须和下唇须均退化。刺吸式口器的昆虫取食时，以喙接触植物表面，其上下颚口针交替刺入植物组织内吸取植物的汁液，往往造成病理性或生理性伤害，有些刺吸式口器的昆虫还可以传播病毒病害，如蚜虫、叶蝉、飞虱等。

（3）虹吸式口器

为鳞翅目蝶蛾类成虫的口器，这种口器的特点是：上颚完全缺失，下颚十分发达，延长并互相嵌合成管状的喙，内部形成1个细长的食物道。喙不用时卷曲于头部下方似钟表的发条，取食时可伸到花中吸食花蜜和外露的果汁及其他液体。具这种口器的昆虫，除部分吸果夜蛾可危害果实外，一般不造成危害。

5. 口器类型与化学防治的关系

昆虫的口器类型不同，其危害特点不同，防治害虫的方法也不同。咀嚼式口器的害虫包括直翅目昆虫如蝗虫、蝼蛄等，鞘翅目昆虫如天牛、叶甲等，鳞翅目幼虫如刺蛾、蓑蛾等，膜翅目幼虫如叶蜂等。这些害虫危害的共同特点是直接取食园林植物的叶、花、果实、茎秆，造成植物组织残缺不全或受害部位破损。对于咀嚼式口器的害虫，应使用触杀剂或胃毒剂进行防治。但对蛀果、蛀秆、卷叶、潜叶危害的害虫，要在钻蛀之前施药。

刺吸式口器的昆虫包括半翅目蝽类，同翅目财虫、蝉、介壳虫等。这类害虫危害的特点是刺吸植物的汁液，被害植物一般没有显著的破损，但受害部位出现各种褪色斑点，受害植株常形成萎蔫、卷曲、黄化、皱缩或畸形，甚至在叶、茎、根上形成虫瘿。多数刺吸式口器的昆虫，如蚜虫、叶蝉、飞虱等，还可以传播植物病害，特别是病毒病害。对刺吸式口器的害虫，防治上应使用内吸剂、触杀剂或熏蒸剂，胃毒剂一般无效。

虹吸式口器的害虫只吸食暴露在植物表面的液体，因此可将胃毒剂制成液体，使其吸食中毒，如目前预测预报及防治上常用的糖酒醋诱杀液，可诱杀地老虎等成虫。

（二）昆虫的胸部

胸部是昆虫的第2体段，位于头部之后。

1. 胸部的基本构造

胸部由3个体节组成，由前向后依次分别称为前胸、中胸和后胸。每一胸节各具足1对，分别称为前足、中足和后足。大多数昆虫在中、后胸上还各具有1对翅，分别称为前翅和后翅。中、后胸由于适应翅的飞行，互相紧密结合，内具发达的内骨和强大的肌肉。中、后胸又称为具翅胸节或简称翅胸。昆虫胸部每一胸节都是由4块骨板构成，即背板、腹板和两个侧板。骨板按其所在胸骨片部位而各有名称，如前胸背板、中胸背板、后胸背板等。前胸背板在各类昆虫中变异很大，中、后胸背板为具翅胸节背板。侧板是胸部体节两侧背、腹板之间的骨板。腹板为胸节腹面两侧板之间的骨板。多数昆虫的前胸腹板一般都不发达，多为一块小形的骨片。各骨板又被若干沟划分成一些骨片，这些骨片也各有名称，如小盾片等，其形状、大小常作为昆虫分类的依据。

2. 胸足

（1）胸足的构造（成虫）

昆虫的胸足是胸部行动的附肢，着生在各节的侧腹面，基部与体壁相连，形成一个膜质的窝，称为基节窝。成虫的胸足一般由6节组成，自基部向端部依次分为基节、转节、腿节、胫节、跗节和前跗节。

基节：是胸足的第1节，通常与侧板的侧基突相支接，形成关节窝，为牵动全足运动的关节构造。基节常较短粗，多呈圆锥形。

转节：是足的第2节，一般较小，转节一般为1节，只有少数种类如蜻蜓等的转节为2节。

跗节：常为足中最强大的一节，末端同胫节以前后关节相接，腿节和胫节间可作较大范围活动，使腔节可以折贴于腿节之下。

胫节：通常较细长，比腿节稍短，边缘常有成排的刺，末端常有可活动的距。

跗节：通常较短小，成虫的跗节分为2~5个亚节，各亚节间以膜相连，可以活动。有的昆虫如蝗虫等的跗节腹面有较柔软的垫状物，称为跗垫，可用于辅助行动。

前跗节：前跗节是足的最末一节，在一般昆虫中，前跗节退化而被两个侧爪所取代。

全变态类昆虫的幼虫胸足的构造简单，跗节不分节，前跗节仅为1爪，节间膜较发达，节间通常只有单一的背关节，只有脉翅目、毛翅目等幼虫在腿节与胫节间有两个关节突。部分鞘翅目幼虫的胫节和跗节合并，称为胫跗节。

（2）胸足的类型

昆虫胸足的原始功能为行动器官，但在各类昆虫中，由于适应不同的生活环境和生活方式，而特化成了许多不同功能的构造。胸足的构造类型可以作为分类和了解昆虫生活习性的依据之一。常见的昆虫胸足类型有以下几种：

步行足是昆虫中最普通的一类胸足。一般比较细长，适于步行。

跳跃足的腿节特别发达，跳跃足多为后足所特化，用于跳跃。如蝗虫、螽斯等的后足。

开掘足形状扁平，粗壮而坚硬。如蝼蛄、金龟子等在土中活动的昆虫的前足。

捕捉足的基节通常特别延长，用以捕捉猎物、抓紧猎物，防止其逃脱。如螳螂、螳蛉、猎蝽等的前足。

携粉足是蜜蜂类用以采集和携带花粉的构造，由工蜂后足特化而成。

游泳足多见于水生昆虫的中、后足，呈扁平状，生有较长的缘毛，用以划水。如龙虱、仰蝽、负子蝽等的后足。

抱握足为雄性龙虱所特有。

攀援足为虱类所特有。

此外，蜂类的前足尚有清洁触角的净角器。

3. 翅

绝大多数昆虫有两对翅，但也有昆虫翅退化为一对或全部退化。翅的获得不仅有利于昆虫觅食、求偶和避敌等活动，更重要的是扩大了它们的活动范围和有利于种群的繁衍。

（1）翅的基本构造

昆虫的翅通常呈三角形，具有 3 条边和 3 个角。

翅展开时，靠近头部的一边，称为前缘；靠近尾部的一边，称为内缘；在前缘与内缘之间、同翅基部相对的一边，称为外缘。前缘与内缘间的夹角，称为肩角；前缘与外缘间的夹角，称为顶角；外缘与内缘间的夹角，称为臀角。

（2）翅的类型

昆虫翅的主要作用是飞行，昆虫由于长期适应其生活条件质地，形状也发生了相应变化。翅的质地类型是昆虫分目的重要依据之一。翅的主要类型有以下几种：

膜翅：膜翅的质地为膜质，薄而透明，翅脉明显可见。如蜂类、蜻蜓等的前后翅；甲虫、蝗虫、蝽等的后翅。

复翅：复翅的质地较坚韧，似皮革，翅脉大多可见，但一般不司飞行，平时覆盖在体背和后翅上，有保护作用。蝗虫等直翅目昆虫的前翅属此类型。

鞘翅：鞘翅的质地坚硬如角质，翅脉不可见，不用来飞翔作用，用以保护体背和后翅。甲虫类的前翅属此类型，故甲虫类在分类上统称为鞘翅目。

半鞘翅：半鞘翅的基半部为皮革质，端半部为膜质，膜质部的翅脉清晰可见。蝽类的前翅属此类型，故蝽类昆虫在分类上统称为半翅目。

鳞翅：鳞翅的质地为膜质，但翅面上覆盖有密集的鳞片。如蛾、蝶类的前、后翅，故该类昆虫在分类上统称为鳞翅目。

毛翅：毛翅的质地也为膜质，但翅面上覆盖一层较稀疏的毛。如石蛾的前、后翅，该类昆虫在分类上称为毛翅目。

缨翅：缨翅的质地也为膜质，翅脉退化，翅狭长，在翅的周缘缀有很长的缨毛。如蓟马的前、后翅，该类昆虫在分类上称为缨翅目。

平衡棒：平衡棒为双翅目昆虫和雄蚧的后翅退化而成，形似小棍棒状，无飞翔作用，但在飞翔时有保持体躯平衡的作用。捻翅目雄虫的前翅也呈小棍棒状，但无平衡体躯的作用，称为拟平衡棒。

（三）昆虫的腹部

腹部是昆虫体躯的第 3 个体段，紧连于胸部之后。消化、排泄、循环和生殖系统等主要内脏器官即位于腹腔内，其后端还生有生殖附肢，因此是昆虫代谢和生殖的中心。

1. 腹部的基本构造

腹部一般由 9~11 节组成，腹部的体节只有背板和腹板，而无侧板，背板与腹板之间以侧膜相连。前后相邻的两腹节间，也有环状节间膜相连，使腹部可以自由扭转、伸缩活动，同时可促进气体交换和容纳体内大量卵的发育和产卵活动。腹部第 1~8 节两侧各有一对气门，用以呼吸。在腹部第 8 节或第 9 节上，着生有外生殖器。有些昆虫在第 10 节或第 11 节上着生有尾须。

2. 腹部的附肢

腹部的附肢是外生殖器和尾须。雌虫的外生殖器称为产卵器，雄性外生殖器称为交配器。

（1）雌性外生殖器

雌性外生殖器为产卵的工具，故称为产卵器。产卵器由三对产卵瓣组成，分别称为腹产卵瓣、内产卵瓣和背产卵瓣，生殖孔位于第 8~9 腹节之间的腹面。由于昆虫的种类不同，适应的产卵环境不同，因而产卵器的构造和形状也有很大的变化。如蝗虫的产卵器短小呈瓣状；叶蝉的产卵器呈锯状，产卵时将植物组织刺破将卵产入，给植物组织造成很大伤害；蟋蟀的产卵器为长矛状，产卵时将产卵器插入土中。有些昆虫无特化的产卵器，如蛾、蝶等，这类昆虫只能把卵产在植物表面。

（2）雄性外生殖器

雄性外生殖器用于与雌性交配，故称为交配器。交配器主要包括阳茎和抱握器两部分。阳茎多为管状，交配时用于将精液输入雌体。抱握器位于第 9 腹节腹面，一般比较坚硬，有的呈片状，有的似钳状，交配时用于抱握雌体。了解昆虫的外生殖器，一方面可以鉴别昆虫的性别，另一方面可以根据外生殖器（特别是雄性外生殖器），鉴别昆虫的近缘种类。

（3）尾须

尾须为着生于腹部第 11 节两侧的一对须状物，分节或不分节，长短不一，具有感觉作用。

根据昆虫外生殖器的形状和构造的不同，不仅可以了解害虫的产卵方式和产卵习性，从而采取针对性的防治措施，同时还可作为重要的分类特征，以区分不同的目、科和种类。

（四）昆虫的体壁

昆虫的体壁是包在昆虫体躯最外层的组织，体壁起着支撑身体和着生肌肉的作用，与高等动物的骨骼作用相似，所以又称为“外骨骼”。昆虫的体壁还具有保护内脏、防止体内水分过度蒸发和防止微生物及其他有害物质侵入的作用。同时体壁上还具有许多感觉器官，可与外界环境取得广泛联系。

1. 体壁的构造及特性

昆虫的体壁可分为三个层次，由外向内依次为表皮层、皮细胞层和底膜。

（1）底膜是紧贴在皮细胞层下的一层薄膜，由表皮细胞分泌而成，起着将皮细胞层与血腔分隔开的作用。

（2）皮细胞层是一层活的细胞，可形成新的表皮。昆虫体表的刚毛、鳞片、刺、距及各种分泌腺体都是由皮细胞特化而来。

（3）表皮层是皮细胞层向外分泌的非细胞性物质，由里向外又分为内表皮、外表皮和上表皮三层。

①内表皮是表皮层中最厚的一层，无色而柔软，主要化学成分是蛋白质和几丁质，富有延展曲折性。

②外表皮是由内表皮的外层骨化而成，主要化学成分是几丁质、骨蛋白和脂类，是表皮层中最坚韧的一层。

③上表皮是表皮层最外的一层，很薄，厚度一般不超过1μm，但构造复杂，一般又分为角质精层、蜡层和护蜡层。角质精层的化学成分是脂类和蛋白质的复合物，蜡层的主要成分是蜡质，具有不透性，可防止体内水分蒸发和外来物质的侵入。

2. 体壁的衍生物

昆虫由于适应各种特殊需要，体壁常向外突出或向内凹陷而形成各种衍生物。体壁的衍生物是由皮细胞和表皮特化而成的。体壁表面的一些微细突起如刻点、脊纹、小疣、微毛等，是由表皮外长或内陷形成的，称为非细胞性突起；而一些较大的刚毛、毒毛、感觉毛、刺、距、鳞片等，则是由皮细胞向外突出而形成，又称为细胞性突起。体壁的内陷物包括表皮内陷形成的各种内脊、内突和内骨，其作用是增加体壁的强度和肌肉着生的面积；一些皮细胞还可以特化成各种腺体，如唾腺、丝腺、蜡腺、毒腺和臭腺等。

在防治中抓住害虫体壁的特点，采取措施破坏其体壁特性，从而取得好的防治效果。

二、昆虫的生殖、发育及相关习性

（一）昆虫的生殖方式

1. 两性生殖

两性生殖是昆虫中最普遍的生殖方式，即雌雄两性交配后，精子与卵子结合，由雌虫把受精卵产出体外，每粒卵发育成一个子代个体，这种繁殖方式又称为两性卵生。如蝗虫、刺蛾类等。

2. 孤雌生殖

孤雌生殖也称单性生殖，是指卵不经受精就能发育成新个体的现象。孤雌生殖对昆虫的分布有重要作用，因为即使只有一头雌虫被带到新区，如果环境适宜，就可能在这个地区繁衍起来。有的昆虫一个时期进行两性生殖，一个时期进行孤雌生殖，两种生殖方式交替进行，称为异态交替，如蚜虫。有些昆虫可同时进行两性生殖和孤雌生殖，如蜜蜂。蜜蜂雌雄交配后，产下的卵有受精和不受精两种，凡受精卵皆孵化为雌虫，未受精卵皆孵化为雄虫。

3. 卵胎生

有些昆虫的胚胎发育是在母体内完成的，即卵在母体内已孵化，所产下的新个体不是卵而是幼虫。其胚胎发育只靠卵本身供给营养，这与哺乳动物由母体供给营养是不同的，如蚜虫。

4. 多胚生殖

由一个卵发育成两个或更多个胚胎，最后每个胚胎都发育成一个新个体的现象。这种生殖方式多见于膜翅目中的寄生蜂类，如赤眼蜂、茧蜂等。多胚生殖是对活体寄生的一种适应，因为寄生性昆虫常常不是所有的个体都能找到它相应的寄主，而多胚生殖可以保证它一旦找到寄主，就能产生较多的后代。

（二）昆虫一生的变化

昆虫从卵到成虫的个体发育过程中，不仅随着虫体的长大而发生着量的变化，而且在外部形态、内部器官和生活习性等方面也发生着周期性的质的改变，这种现象称为变态。昆虫在长期的演化过程中，形成了不同的变态类型，其中最常见的是不完全变态和完全变态。

1. 不完全变态

又叫渐变态。不完全变态的昆虫，在个体发育过程中，只经过卵、若虫和成虫三个阶段。成虫特征随若虫生长发育而逐渐显现，因此成虫和若虫的形态差异不大，只是翅和性器官发育程度有差别，翅以翅芽的形式在体外发育。昆虫中的直翅目、同翅目、半翅目属于不完全变态类，如蝗虫、蝉、蚜虫、蝽类等，它们的若虫不同于成虫的地方主要是翅未长成和性器官没有成熟，这一变态也称为渐变态。其若虫不仅在形态上类似成虫，而且在生活习性上、栖息环境上、取食的食物上都若似成虫，因此其幼期称之为若虫。

2. 完全变态

完全变态的昆虫，在其个体发育过程中，要经过卵、幼虫、蛹和成虫四个阶段。昆虫中的鳞翅目、鞘翅目、膜翅目、双翅目、脉翅目等属于完全变态，如蝶蛾类、甲虫类、蜂类、蚊蝇类、草蛉类等，幼虫在形态上与成虫差异较大，因此必须经过一个蛹的阶段来完成形态的转变过程。幼虫与成虫的生活习性也不同，如鳞翅目幼虫多以植物的某部分为食，而成虫则以花蜜为食；鞘翅目的金龟子类，其幼虫为地下害虫，而成虫则取食植物的地上部分。由此可见，全变态昆虫的幼虫与成虫因其生活习性不同，对植物的危害情况也是不同的，有的仅成虫危害，有的仅幼虫危害，有的成虫和幼虫均危害，但危害程度常有差异。

（三）昆虫各时期是如何发育的

1. 卵期

卵期是昆虫个体发育的第一个阶段。昆虫的卵通常很小，最小的只有 0.02mm（如卵寄生蜂），最大的约有 9~10mm（如一种螽斯），平均在 0.5~2.0mm 之间。卵是一个大细胞，外面为一层坚硬的卵壳，卵壳顶端有一至数个小孔为精子进入卵的通道。卵壳的构造很复杂，具有高度的不透性，一般杀虫剂很难侵入。卵内具有细胞质、卵黄和卵核。胚胎发育在卵内完成后，幼虫或若虫破卵壳而出的过程称为孵化。卵从产下到孵化所经历的时期称为卵期。

昆虫的卵形态变化很大，常见的有球形、半球形、长卵形、袋形、桶形、长椭圆形、椭圆形、长茄形、馒头形、色篓形、炮弹形、有柄形等。不同的昆虫其产卵方式和产卵场所也常不同，有的单粒散产（如粉蝶类），有的集聚成块（如斑蛾类），有的产在暴露的地方（如天蛾类），有的产在植物组织内（如叶蝉），有的产在其他昆虫的卵、幼虫或蛹体内（如各种寄生蜂）。有的卵以卵鞘或雌成虫腹末的绒毛覆盖（前者如螳螂，后者如某些毒蛾）。了解昆虫卵的形状、产卵方式和场所，对识别害虫种类、进行田间调查和防治害虫均有直接作用。

2. 幼虫期

幼虫期是昆虫一生中的主要取食危害阶段，也是防治的关键时期。不完全变态昆虫自卵孵化为若虫到变为成虫所经历的时间称为若虫期；完全变态昆虫自卵孵化为幼虫到变为蛹所经历的时期称为幼虫期。昆虫是外骨骼动物，其坚硬的体壁不能随着身体的增大而增长，因此，幼虫生长过程中必须将束缚体躯的旧表皮脱去，代之以形成的新表皮才能继续生长，这种现象称为蜕皮。昆虫每蜕一次皮，视为增长一龄，每两次蜕皮之间的历期称为龄期，计算虫龄则为蜕皮次数加一。从卵孵化出来到第一次蜕皮称为第一龄期，此时期的幼虫称为一龄幼虫，第一次蜕皮与第二次蜕皮间的时期称为第二龄期，其幼虫称为二龄幼虫，依此类推。昆虫在刚蜕去旧皮、新表皮尚未形成之前，抵抗力很差，是施用触杀剂的较好时机。一般二龄前的幼虫活动范围小，取食少，抗药力差，幼虫生长后期，食量剧增，抗药力强。因此在害虫防治上，常要求将其消灭在三龄前或幼龄阶段。

全变态昆虫种类多，幼虫形态差异显著。根据胚胎发育的程度以及在胚后发育中的适应与变化，又可将其分为以下四个类型：

原足型：原足型幼虫的主要特点是，其幼虫在胚胎发育早期孵化，虫体的发育尚不完善，胸部附肢仅为突起状态的芽体，有的种类腹部尚未完全分节。如膜翅目中的寄生蜂类幼虫。

无足型：无足型幼虫的特点是既无胸足，又无腹足。一般认为，此类幼虫是由寡足型或多足型幼虫由于长期生活于容易获得营养的环境中，行动的附肢逐渐消失而形成的。

寡足型：寡足型幼虫的主要特点是有发达的胸足，无腹足。

多足型：多足型幼虫的主要特点是，除具胸足外，还具有数对腹足。如鳞翅目和膜翅目的叶蜂类幼虫。鳞翅目幼虫有腹足 2~5 对，腹足末端具有趾钩，称为蠋型幼虫。而膜翅目叶蜂类幼虫的腹足多于 5 对，其末端不具趾钩，称为伪蠋型幼虫。也有人把多足型幼虫通称蠋型幼虫。

3. 蛹期

蛹期是全变态类昆虫所特有的发育阶段，也是幼虫转变为成虫的过渡时期。全变态类昆虫的末龄幼虫老熟后寻找适当场所、身体缩短、不食不动，然后蜕去最后一层皮变为蛹，该过程称为化蛹。末龄幼虫在化蛹前的静止时期称为预蛹期。从化蛹时起至成虫羽化所经历的时期称为蛹期。昆虫种类不同，蛹的形态也不同，常见的有离蛹、被蛹和围蛹三种类型。

离蛹：触角、足、翅等附肢不紧贴在蛹体上，可自由活动，也称裸蛹。如多数鞘翅目昆虫的蛹。

被蛹：触角、足、翅等附肢均紧贴于蛹体上，不能自由活动。如鳞翅目蝶蛾类昆虫的蛹。

围蛹：实际是一种离蛹，只是由于幼虫最后脱下的皮包围于离蛹之外，形成了圆筒形的硬壳，如双翅目蝇类昆虫的蛹。

4. 成虫期

成虫是昆虫生命活动的最后一个阶段，其主要行为是交配和产卵，所以成虫期是昆虫繁殖的时期。

一般昆虫的雌、雄个体外形相似，仅外生殖器不同，称为第一性征。有些昆虫雌、雄个体除第一性征外，在形态（如个体大小、体型、颜色等）上还有其他差异，称为第二性征。这种现象称为雌雄二型性或性二型。如介壳虫雄虫有翅，雌虫则无翅；一些蛾类雌性触角为丝状，而雄性触角则为羽毛状。有些昆虫在同一个种群中，除了雌雄二型外，在同一性别中还有不同的类型，称为多型现象。如蚜虫，雌性个体又有无翅雌蚜和有翅雌蚜之分。多型现象不仅出现在成虫期，也会出现在幼虫期，不仅可以表现在构造、颜色上的不同，而且在白蚁、蚂蚁、蜜蜂等社会性昆虫中，还有明显的行为上的差异，甚至社会分工。多型现象反映了环境变化与种群的动态，对分析虫情及制定防治指标具有重要价值。

5. 昆虫的世代和年生活史

昆虫自卵或幼体产下到成虫性成熟产生后代为止的个体发育史称为一个世代，简称一代。各种昆虫世代的长短和一年内的世代数各不相同，有的一年一代，如舞毒蛾；有的一年多代，如斜纹夜蛾；有的数年一代，如桑天牛等。昆虫世代的长短和在一年内的发生代数，受环境条件和昆虫遗传性的影响。很多昆虫世代的多少和长短受气候条件（主要是温度）的影响，它的分布地区越往南，一年发生的代数越多。也有的昆虫在一年中的若干世代间，存在着生殖方式或生活习性的明显差异，通常总是两性世代和若干代孤雌生殖世代相交替，称之为世代交替。

昆虫由当年越冬虫态开始活动起，到第二年越冬结束止的发育过程，称为年生活史。昆虫年生活史包括昆虫在一年中各代的发生期、生活习性和越冬虫态、场所等。研究昆虫的年生活史，目的是摸清害虫在一年中的发生规律、活动和危害情况，根据这些基本情况，针对害虫生活的薄弱环节与防治有利时机，制定防治措施。昆虫的生活史，可用文字记载，也可用图表等形式来表示。

（四）昆虫的习性与行为

昆虫的习性和行为，是昆虫的生物学特性的重要组成部分。昆虫的某些行为和习性，是以种或种群为表现特征的，所以并非存在于所有的昆虫种类中。

1. 休眠和滞育

昆虫在一年的生长发育过程中，常出现暂时停止发育的现象，这种现象分为两大类，即休眠与滞育。

休眠是指由不良的环境条件直接引起的生长发育暂时停止现象，当不良环境消除时即可恢复生长发育。在温带及寒带地区，每年冬季严寒来临之前，随着气温下降，食物减少，各种昆虫都找寻适宜场所进行休眠，等到来年春天气候温暖，又开始活动。

滞育也是环境因子引起的，但常常不是不利的环境条件直接引起。当不利的环境条件还远未来临以前，昆虫就进入滞育了。而且一旦进入滞育，即使给以最适宜的条件，也不会马上恢复生长发育，必须经过较长时间的滞育期，并要求一定的低温刺激，才能重新恢复生长发育。影响昆虫滞育的主导因素是光周期的变化。凡有滞育特性的昆虫，都各有固定的滞育虫态。在幼虫期表现为生长发育的停止，在成虫期则表现为生殖的中止。

2. 昆虫活动的昼夜节律

绝大多数昆虫的活动，如交配、取食和飞翔甚至孵化、羽化等都与白天和黑夜密切相关，其活动期、休止期常随昼夜的交替而呈现一定节奏的变化规律，这种现象称为昼夜节律，即与自然界中昼夜变化规律相吻合的节律。这些都是种的特性，是对物种有利的生存和繁育的生活习性。根据昆虫昼夜活动节律，可将昆虫分为：日出性昆虫，如蝶类、蜻蜓、步甲和虎甲等，它们均在白天活动；夜出性昆虫，如小地老虎等绝大多数蛾类，它们均在夜间活动；昼夜活动的昆虫，如某些天蛾、大蚕蛾和蚂蚁等，它们白天黑夜均可活动。有的还把弱光下活动的昆虫称为弱光性昆虫，如蚊子等常在黄昏或黎明时活动。

由于大自然中昼夜的长短变化是随季节而变化的，所以很多昆虫的活动节律也表现出明显的季节性。多化性昆虫，各世代对昼夜变化的反应也不相同，明显地表现在迁移、滞育、交配、生殖等方面。

3. 昆虫的食性

不同种类的昆虫，取食食物的种类和范围不同，同种昆虫的不同虫态也不会完全一样，甚至差异很大。昆虫在长期演化过程中，对食物形成的一定选择性，称为食性。

根据昆虫所取食的食物性质可将其食性分为植食性、肉食性、腐食性和杂食性四类。

植食性是以植物的各部分为食料，这类昆虫约占昆虫总数的 40%～50%，如黏虫、菜蛾等农业害虫均属此类。

肉食性是以其他动物为食料，又可分为捕食性和寄生性两类，如七星瓢虫、草蛉、寄生蜂、寄生蝇等，它们在害虫生物防治上有着重要意义。

腐食性是以动物的尸体、粪便或腐败植物为食料，如埋葬虫、果蝇等。

杂食性是兼食动物、植物等，如蜚蠊。

根据昆虫所取食食物范围的广狭可将其食性分为单食性、寡食性和多食性三类：

单食性是以某一种植物为食料，如三化螟只取食水稻，豌豆象只取食豌豆等。

寡食性是以一个科或少数近缘科植物为食料，如菜粉蝶取食十字花科植物，棉大卷叶螟取食锦葵科植物等。

多食性是以多个科的植物为食料，如地老虎可取食禾本科、豆科、十字花科、锦葵科等各科植物。

4. 昆虫的趋性

趋性是指昆虫对外界刺激（如光、温度、湿度和某些化学物质等）所产生的趋向或背向行为活动。趋向活动称为正趋性，背向活动称为负趋性。昆虫的趋性主要有趋光性、趋化性、趋温性、趋湿性等。

趋光性是指昆虫对光的刺激所产生的趋向或背向活动，趋向光源的反应，称为正趋光性；背向光源的反应，称为负趋光性。多数夜间活动的昆虫，对灯光表现为正趋性，特别是对黑光灯的趋性尤强。

趋化性是昆虫对一些化学物质的刺激所表现出的反应，其正、负趋化性通常与觅食、求偶、避敌、寻找产卵场所等有关。如有些夜蛾，对糖醋酒混合液发出的气味有正趋性；菜粉蝶喜趋向含有芥子油的十字花科植物上产卵。

趋温性、趋湿性是指昆虫对温度或湿度刺激所表现出的定向活动。

5. 昆虫的群集性

同种昆虫的大量个体高密度地聚集在一起生活的习性，称为群集性。许多昆虫具有群集习性，但各种昆虫群集的方式有所不同，可分为临时性群集和永久性群集两种类型。

临时性群集是指昆虫仅在某一虫态或某一阶段时间内行群集生活，过后分散。如天幕毛虫，一些毒蛾、刺蛾、叶蜂等的低龄幼虫行群集生活，老龄后即行分散生活。

永久性群集指终生都群集生活在一起。往往出现在昆虫的整个生育期，一旦形成群集后，很久不会分散，趋向于群居型生活。如东亚飞蝗卵孵化后，蝗蝻可聚集成群，集体行动或迁移，蝗蝻变为成虫后仍不分散，往往成群远距离迁飞。

6. 昆虫的扩散和迁飞

（1）昆虫的扩散

扩散是指昆虫个体经常的或偶然的、小范围内的分散或集中活动，也称为蔓延、传播或分散等。昆虫的扩散一般可分为如下几种类型：

完全靠外部因素传播，即由风力、水力、动物或人类活动引起的被动扩散活动。许多鳞翅目幼虫可吐丝下垂并靠风力传播，如枣尺蠖、卷叶蛾等，从卵块孵化后常先群集为害，以后再吐丝下垂，靠风力传播扩散，如美国白蛾、天幕毛虫。

（2）昆虫的迁飞

迁飞或称迁移，是指一种昆虫成群地从一个发生地长距离地转移到另一个发生地的现象，是一种在进化过程中长期适应环境的遗传特性，是一种种群行为。

了解害虫迁飞习性，查明它的来龙去脉及扩散转移的时期，对害虫的测报和防治具有重要意义。

7. 昆虫的假死和隐蔽

（1）假死

假死是指昆虫受到某种刺激而突然停止活动、佯装死亡的现象。如金龟子、象甲、叶甲、瓢虫和椿象的成虫以及黏虫的幼虫，当受到突然刺激时，身体蜷缩，静止不动或从原栖息处突然跌落下来呈“死亡”状，稍后又恢复常态而离去。假死是许多鞘翅目成虫和鳞翅目幼虫的防御方式，因为许多天敌通常不取食死亡的猎物，所以假死是这些昆虫躲避敌害的有效方式。可利用这种假死性进行人工捕杀和虫情调查。

（2）隐蔽

昆虫为了躲避敌害、保护自己而将自己隐藏起来的现象，包括拟态、保护色和伪装。

第二节　果树害虫的主要类群

一、昆虫分类的基本知识

（一）昆虫分类的意义

自然界中昆虫种类很多，这些昆虫有的对人类是有益的，有的是有害的，有的则与人类没有直接关系。我们要利用益虫和防治害虫，就必须识别它们。

生物（包括昆虫）都是由低级到高级、由简单到复杂进化而来的，在大量的昆虫种类中，彼此之间存在着一定的亲缘关系，亲缘关系接近的，其形态特征也相似，对环境的要求、生活习性、发生规律也更接近。而昆虫分类就是建立在亲缘关系的基础上，运用对比分析与归纳的方法将昆虫进行分门别类。

（二）昆虫分类及命名

昆虫的分类阶梯和其他动物分类一样，包括界、门、纲、目、科、属、种七个等级。有时为了更精细确切地区分，常添加各种中间阶元，如亚级、总级或类、群、部、组、族等。昆虫的分类地位是动物界、节肢动物门、昆虫纲。昆虫纲以下分为目、科、属、种。

种是分类的基本单位，昆虫的每一个种都有一个科学的名称，即学名，是国际上通用的。学名是用拉丁文字表示的，每一学名一般由两个拉丁词组成，第一个词为属名，第二个词为种名，最后是定名人姓氏。有时在种名后边还有一个亚种名。在书写上，属名和定名人的第一个字母必须大写，种名全部小写，种名和属名在印刷上排斜体。

二、果树昆虫重要目、科概述

昆虫纲的分目是根据翅的有无及其类型、变态的类型、口器的构造、触角的形状、跗节节数等进行，一般将昆虫分为 34 个目。在昆虫纲的 34 个目中，与果树生产关系密切的目主要有直翅目、半翅目、同翅目、鞘翅目、鳞翅目、膜翅目、双翅目、脉翅目等七个目。

（一）直翅目

体中型至大型。口器咀嚼式，触角丝状或剑状，前胸发达，前翅狭长，常覆盖在后翅之上；后翅膜质，常作扇状折叠，翅脉多是直的。有的种类翅短或无翅。后足多发达，适于跳跃，或前足为开掘足。雌虫多具有发达的产卵器。腹部第 10 节有尾须一对。雄虫大多能发音，凡发音的种类都有听器。

本目昆虫属不完全变态，成虫多产卵于植物组织或土中，多以卵越冬。1 年 1 代或 2 代或 2~3 年 1 代。一般生活在地面上，有些生活在地下或树上。本目多数是植食性的种类，部分为肉食性或杂食性（如螽斯科）。

1. 蝗科

触角比体短，丝状或剑状。前胸背板发达，呈马鞍状。后足为跳跃足，胫节具有两排刺，跗节 3 节。听器位于第 1 腹节两侧。产卵器粗短，锥状。植食性，卵产于土中。果树重要害虫种类有棉蝗。

2. 蝼蛄科

触角短，丝状。前翅短，后翅长，伸出腹末如尾状。前足为开掘足。听器位于前足胫节上。产卵器不发达。多为植食性，夜出活动咬食植物的根茎，为重要的地下害虫。卵产于土室中。果树重要害虫种类有华北蝼蛄、东方蝼蛄等。

3. 蟋蟀科

触角线状比体长。后足为跳跃足。产卵器细长，剑状。尾须长。听器生于前足胫节上。雄虫发音器在前足近基部。夜出性昆虫，常发生于低洼或杂草丛中，喜取食植物近地面柔嫩部分，危害幼苗。果树重要害虫种类有油葫芦、大蟋蟀等。

4. 螽斯科

触角丝状比体长，跗节 4 节，后足为跳跃足。产卵器刀状或剑状。多产卵于植物枝条组织内或土中。果树害虫种类有危害枝条的绿螽斯等。

（二）半翅目

通称椿象，简称蝽。体小至中型，体壁坚硬而身体略扁平。刺吸式口器，着生于头的前端，不用时贴放在头胸的腹面。前胸背板发达，中胸有发达的小盾片。前翅基半部革质或角质，端半部膜质，称为半鞘翅，一般分为革区、爪区和膜区三部分，有的种类有楔区。很多种类胸部腹面常有臭腺，可散发出恶臭。

本目昆虫属不完全变态。多为植食性，刺吸植物茎叶或果实的汁液，是重要的园林植物害虫；部分种类为捕食性，为天敌昆虫。卵多为鼓形或长卵形，产于植物表面或组织内。

1. 蝽科

触角 5 节，一般 2 个单眼，中胸小盾片很发达，三角形，超过前翅爪区的长度。前翅分为革区、爪区、膜区三部分，膜片上具有多条纵脉，发自于基部的一根横脉。卵多为鼓形，产于植物表面。危害果树的主要有麻皮蝽等。

2. 盲蝽科

触角 4 节，无单眼。前翅分为革区、爪区、楔区和膜区四个部分，膜区基部翅脉围成两个翅室，其余翅脉均消失。卵长卵形，产于植物组织内。果树重要害虫种类有绿盲蝽，捕食性的有食蚜盲蝽等。

3. 花蝽科

体小型，扁长卵形。有单眼。触角 4 节。前翅除革区、爪区、膜区外，还有楔区，膜区上的翅脉少。多为捕食性，以蚜虫、蓟马、介壳虫、粉虱及螨类等为食，常见的有微小花蝽等。

4. 网蝽科

俗名为军配虫、白纱娘，主要识别特征体小而扁；前胸背板中央常向上突出成一罩状；头顶、前胸背板及前翅具网状花纹，常见的有梨网蝽。

（三）同翅目

为小型至中型昆虫。触角刚毛状或丝状。口器刺吸式，从头的后方伸出，似出自前足基节之间。前翅革质或膜质，静止时平置于体背上呈屋脊状，有的种类无翅。多数种类有分泌蜡质或介壳状覆盖物的腺体。

除粉虱及雄介壳虫属于过渐变态外，均为渐变态。两性生殖或孤雌生殖。植食性，多数为果树重要害虫，刺吸植物汁液，造成生理损伤，并可传播病毒或分泌蜜露引起煤污病。

1. 叶蝉科

小型，狭长。触角刚毛状，位于两复眼之间。单眼 2 个，着生于头部前缘与颜面交界线上。后足胫节下方有 1~2 列短刺。产卵器锯状，多产卵于植物组织内。果树害虫重要种类有大青叶蝉、葡萄二星叶蝉等。

2. 蝉科

中到大型，复眼发达，单眼 3 个。触角短，刚毛状。前足腿节膨大，下方有齿。前后翅膜质透，脉纹粗。雄虫有发音器，位于腹部腹面。若虫土中生，成虫刺吸汁液和产卵危害果树枝条，若虫吸食根部汁。危害果树的种类主要有黑蚱蝉、蟪蛄等。

3. 蜡蝉科

中至大型，体色美丽。额常向前延伸而多少呈象鼻状。触角基部两节明显膨大，鞭节刚毛状。前后翅发达，翅膜质，脉序呈网状。腹部通常大而扁。果树害虫有斑衣蜡蝉等。

4. 木虱科

小型，善跳。单眼 3 个。触角较长，9~10 节，基部两节膨大，末端有 2 条不等长的刚毛。前翅质地较厚，在基部有 1 条由径脉、中脉和肘脉合并成的基脉，并由此发出若干分支。若虫常分泌蜡质盖在身体上，多危害木本植物。果树上主要有梨木虱等。

5. 蚜总科

体微小型，柔软。触角丝状，通常 6 节，末节中部突然变细，故又分为基部和鞭部两部分，第 3~6 节基部有圆形或椭圆形的感觉孔，它的数目和分布是分种的重要依据。有具翅和无翅两大类个体，具翅型翅 2 对，膜质，前翅大，后翅小。前翅近前缘有一条由纵脉合并而成的粗脉，端部为翅痣，由此发出 1 条径分脉 Rs，2~3 支中脉 M，2 支肘脉 Cu；后翅有 1 条纵脉，分出径分脉、中脉、肘脉各 1 条。多数种类在腹部第 6 节背面生有 1 对管状突起称为腹管，腹管的大小、形状、刻纹等变异很大。腹部末端有一尾片，形状不一，均为分类的重要依据。

蚜虫的生活史极为复杂，行两性生殖与孤雌生殖，一般在春、夏季进行孤雌生殖，而在秋冬时进行两性生殖。一般蚜虫都具有迁移习性，由于生活场所转换而产生季节迁移现象，从一个寄主迁往另一寄主。

本科昆虫为植食性，以成、若蚜刺吸植物汁液，引起植物发育不良，并能分泌蜜露引起滋生霉菌和传播病毒病。果树重要害虫种类主要有苹果棉蚜、绣线菊蚜、桃蚜、梨二叉蚜等。

6. 蚧总科

本总科种类繁多，形态多样。雌雄异型，雌成虫无翅，虫体呈圆形、长形、球形、半球形或扁形等。身体分节不明显，虫体通常被介壳、蜡粉或蜡丝所覆盖，有的虫体固定在植物上不活动。口器位于前胸腹面，口针细长而卷曲，常超过身体的几倍。触角丝状、念珠状、膝状或退化。胸足有或退化。雄成虫口器退化，仅有膜质的前翅一对，翅上有翅脉1~2条，后翅变成各种形状的平衡棒。不完全变态或过渐变态。卵产于雌虫体下、介壳下或雌虫分泌的卵囊内。多数为害虫，以危害木本植物为主，果树重要害虫种类有桑白蚧、梨园蚧、枣龟蜡蚧、朝鲜球坚蚧等。

（四）鞘翅目

通称为甲虫识别特征：体壁坚硬，前翅角质化；口器咀嚼式；触角形状多变，通常为丝状、鳃片状、膝状等。

生物学特性：一般为全变态，部分为复变态；幼虫体型变化较大，有蛃型、蛴螬型、象甲型等；多数种类雌雄异型；裸蛹；一般一年多代；食性有植食性（多数）、肉食性、寄生性、腐食性（粪食性和尸食性）；多具假死性。根据食性可分为肉食亚目和多食亚目，其中与果树生产相关的科，主要是多食亚目的，其中与果树生产相关的科主要有：

1. 叩甲科

主要识别特征：体小至中型；体色暗，多为灰、褐、棕色；前胸背板后侧角尖锐，与鞘翅相接不紧密；前胸腹板突尖锐，插入中胸腹板的凹沟内，能动。植食性；幼虫“金针虫”生活于土中。

2. 吉丁甲科

主要识别特征：体色鲜艳，多具金属光泽；前胸背板后侧角较钝，与鞘翅紧密相接；前胸腹板突扁平，嵌入中胸腹板的凹沟内，不能动。植食性；幼虫“串皮虫”在树木形成

层中 串成曲折的隧道，取食危害。果树害虫如苹小吉丁虫等。

3. 鳃金龟科

主要识别特征：多暗，黑色或棕色；三对足的两爪大小相等，或后足爪相似。成虫植食性；幼虫生活于土中，植食性。果树害虫如大黑鳃金龟子。

4. 丽金龟科

主要识别特征：鲜艳，具蓝、绿、黄等金属光泽；三对足的爪不等，大爪端部常分裂；鞘翅基部外缘不凹入。成虫植食性；幼虫生活于土中，植食性。成虫危害植物地上部分，幼虫是重要地下害虫。果树害虫如铜绿丽金龟子。

5. 花金龟科

主要识别特征：体色色泽鲜艳，多具星状花斑；三对足爪大小相等；鞘翅基部外缘凹入。成虫植食性；幼虫生活于土中，植食性。成虫危害植物地上部分，幼虫是重要地下害虫。果树常见害虫小青花金龟子、白星花金龟子。

6. 象甲科

主要识别特征：体微小至大型；喙长短不一；触角膝状；复眼无缺刻；鞘翅长，腹部末节不外露。成虫和幼虫均为植食性，危害植物的根、茎、花果实及种子；成虫不善飞，成虫、幼虫取食时，蛀入植物组织内。果树常见梨象鼻虫。

7. 天牛科

主要识别特征：体小型至大型，大多体长形略扁，体色多样；复眼一般肾形；触角 11 节，一般很长，后披。前胸背板侧缘常有侧刺突。跗节隐五节。成虫多白天活动，在树缝和植物组织内产卵，取食植物柔嫩部分、花、汁液或菌类；幼虫多蛀食树木的根和树干，深入到木质部，形成不规则的隧道，隧道孔通向外面。重要的果树害虫，严重影响树木生长，甚至可以导致树木死亡。

8. 瓢甲科

主要识别特征：体小型至中型，半球形或长卵形，体色多变，有金属光泽，常有明显斑纹。头小，部分嵌入前胸；触角 11 节，棒状；足常不超出体缘；跗节隐 4 节。多为捕食性，少数为植食性。幼虫体软，色暗，有黄、白斑点。以捕食财虫、蚧壳虫和螨类等，在压低害虫种群数量上很重要。

（五）脉翅目

主要识别特征：头下口式，咀嚼式口器。前胸常短小。两对翅的形状、大小和脉相都很相似。前、后翅均为膜质，翅脉密而多，呈网状，在边缘多分叉。少数种类翅脉少而简单。爪2个。完全变态。幼虫肉食性，陆生种类捕食蚜虫和介壳虫等害虫，为著名的益虫。约有四千种。脉翅目昆虫包括草蛉、蚁蛉、螳蛉、粉蛉、水蛉等，成虫和幼虫大多陆生，均为捕食性，捕食蚜虫、蚂蚁、叶螨、蚧壳虫等软体昆虫及各种虫卵，对于控制昆虫种群、保持生态平衡具有重要意义。近几十年来，我国和世界上许多其他国家都已将脉翅目昆虫成功地应用于害虫的生物防治。如草蛉科，多数种类绿色，具金属或铜色复眼；触角长丝状；翅的前缘区有30条以下的横脉，不分叉；幼虫体长形，两头尖削，胸部与腹部两侧有毛瘤；幼虫捕食蚜虫，称为蚜狮。世界已知12 000多种，我国常见的有大草蛉、中华草蛉等，是一类重要的害虫天敌。

（六）鳞翅目

主要识别特征：口器虹吸式；触角多变，线状、栉状、羽状、棍棒状等，很多蛾类雌雄触角类型不同；翅两对、膜质，其上被有鳞毛。全变态；成虫取食花蜜、果汁、树汁；幼虫多为植食性，少为捕食性（如灰蝶）和寄生性（寄蛾科）；陆生；蛾类多夜晚活动，蝶类白天活动；蛾类具趋光性，具趋化性，雌雄二型性；部分蛾、蝶具有迁飞和拟态习性；蛹多为被蛹。

（七）膜翅目

膜翅目包括了各种各样的蜂和蚁。它们的共同特点是，成虫具有两对膜质的翅，前翅大，后翅小，以翅钩列相连接（后翅前缘有1列小钩与前翅后缘连锁），翅脉较特化，有不同程度的合并和退化。口器为咀嚼式。腹部第一腹节并入后胸，叫并胸腹节。第二腹节缩小成“腰”，称作腹柄。雌虫具针状的产卵器，有的种类具有刺螯能力。膜翅目分为两个亚目：广腰亚目和细腰亚目。生物学特性属完全变态类型。有些种类为园林植物害虫，而有些则为害虫的捕食性和寄生性天敌。

危害果树的重要科简述如下：

1. 茎蜂科（广腰亚目）

主要识别特征：体细长，腹部没有腰。触角线状，前胸背板后缘平直。前翅翅痣狭长。前足胫节只有1距。腹部两侧扁。产卵器短，能收缩。幼虫无足，腹部末端有尾状突起。裸蛹。卵产在植物组织内。幼虫蛀食植物茎干。如梨茎蜂。

2. 姬蜂科（细腰亚目）

主要识别特征：体长3~40mm，触角16节以上，呈丝状。翅脉发达，前翅有明显的翅痣，具小翅室，在小翅室下面有一条叫作第二回脉的横脉。幼虫寄生于鳞翅目、鞘翅目、双翅目、膜翅目、脉翅目等全变态类昆虫的幼虫和蛹。世界已知近 30 万种，广泛分布，我国已知约 4000 种，是重要的天敌昆虫。

3. 茧蜂科（细腰亚目）

主要识别特征：形态与姬蜂科相似，区别在于：前翅有 2 个盘室，不具有小翅室，无第二回脉；腹部第 2、3 节背板愈合。幼虫寄生于鳞翅目、鞘翅目、双翅目昆虫，也寄生于半翅目、长翅目昆虫。通常寄生于幼虫和蛹，也有的寄生于鞘翅目和半翅目的成虫。世界已知近 10 万种，广泛分布，我国已知约 1200 种，是重要的天敌昆虫。

4. 小蜂科（细腰亚目）

主要识别特征：体小型，常为黑色种类，无金属光泽。触角膝状，分为五个部分：柄节、梗节、环节、7 节的索节和膨大的棒节。翅脉退化，翅病很小。后足腿节膨大，胫节弯曲呈弧形。幼虫为其他昆虫的幼虫或蛹的内寄生蜂。我国已知上百种。多寄生于鳞翅目或双翅目，少数寄生于鞘翅目、膜翅目和脉翅目。

5. 赤眼蜂科（细腰亚目）

主要识别特征：本科昆虫身体微小，不足 1mm。触角膝状，两复眼多为红色，两对翅的翅脉退化，翅面上有排列成行的纤毛，所以赤眼蜂科过去又叫纹翅小蜂科。幼虫在其他昆虫的卵中生活，是一种可以人工大量繁殖，并广泛地应用于农林生产防治多种害虫的寄生蜂。

第三节　昆虫与环境的关系

一、环境因素

昆虫通过新陈代谢的方式和环境互相联系着，本身也构成环境的一部分。昆虫在长期的历史发展中，通过自然选择的道路，获得了对环境条件的适应性，但这种适应性永远是相对的。环境条件在不断地变化着，可以引起昆虫的大量死亡或者大量发生；同时，昆虫自己的生命活动也在不断地改变着生活的环境。因此，昆虫与环境的关系是辩证的对立统一的关系。

各种昆虫对环境条件各有自己的标准要求，这在生态学上叫作该种昆虫的生态标准。这是昆虫遗传性的一种表现，是种的保守性的一面。另一方面，昆虫为了适应变化的环境条件以保存和发展自己，因而能忍受一定程度的环境条件的变化，昆虫的这种适应性叫作生态可塑性，这是种的进步性的一面。各种昆虫的适应能力各不相同，适应能力强的种叫作广可塑性种（也叫作广适应性种），适应性弱的种叫作狭可塑性种（也叫作狭适应性种）。很明显，防治广可塑性种的害虫将会更困难些。

环境是由各种生态因子组成的，生态因子指环境中影响有机体生命的各种条件。按生态因子的性质，通常将其分为非生物因子（又称为自然因子）与生物因子两大类。非生物因子指各类物理因子或化学因子，如温度、光、湿度、降水（雨、雪、雹、霜、雾、露等）、气流、气压（以上这些因子又统称为气候因子），以及空气（氧气、二氧化碳等）、水分、盐分、各种生物化学因子（以上这些因子属于化学因子）。生物因子中包括食物因子、天敌因子及其他生物因子。从地球的生物圈上看，生态环境主要指三大类，即大气、水域和陆地（尤指土壤）。

环境是各种生态因子相互影响综合作用于昆虫的总体。但各种生态因子对于昆虫的作用并不是同等重要的。有些因子是昆虫生活必需的，如食物、水分、氧气、热能等，它们是昆虫的生存条件，缺一就不能生存。有些因子对昆虫有很大影响，但不是生存所必需的，称为作用因子，如天敌和人的活动等（当然人的作用和自然因子不能并列而论，因为人可以能动地改变自然因子）。

应该指出，在一定的时间、空间条件下，总会有一些（或一个）因子对昆虫种群数量动态起主导作用。找出这些主导因子，对害虫的测报有重要意义。

二、气候因子

气候因子包括温度、光、湿度、降水、气流、气压等。在自然条件下，这些气候因子是综合作用于昆虫的，但各因子的作用并不相同，其中尤以温度（热）、湿度（水）对昆虫的作用最为突出。昆虫在形态、生理和行为等方面，都反映了对它们的适应性。但这种适应有一定的范围，当变化的气候条件超出了一定范围时，就直接或间接（通过对食物、天敌等的影响）地引起昆虫种群数量的变化。

在具体观察和分析气候因子时，要注意大气候（一般气象台观测的气候）、地方气候（一定生态环境的气候）及小气候（一般离地面1.5~2.0m气层内的气候）之别，特别要注意昆虫栖息场所的小气候条件。

（一）温度

昆虫是变温动物，它的体温基本上取决于环境温度。因此，环境温度对于昆虫的生长、发育和繁殖有极大的作用；适应的环境温度是昆虫的生存条件。另一方面，环境温度通过影响食物、天敌和其他气候因子等间接作用于昆虫。

1. 昆虫对温度的反应

（1）温区的划分

昆虫的生长发育和繁殖要求一定的温度范围，这个温度范围称为有效温区（或适宜温区），在温带地区一般为8～40℃。其中有一段温度范围对昆虫的生活力与繁殖力最为有利，称为最适温区，一般为22～30℃。有效温区的下限，是昆虫开始生长发育的起点，称为发育起点，一般为8～15℃。在此点以下，有一段低温区使昆虫生长发育停止，昆虫处于低温昏迷状态，这段低温区称为停育低温区，一般为-10～8℃。再下昆虫因过冷而立即死亡，称为致死低温区，一般-40～-10℃。同样，有效温区的上限，即最高有效温度，称为高温临界，一般为35～40℃。其上边也有一段停育高温区，通常40～45℃，再上为致死高温区，通常45～60℃。

（2）昆虫的抗寒性和抗热性

它们主要由昆虫的生理状态所决定。一般来讲，体内组织中的游离水少，结合水（被细胞原生质的胶体颗粒所吸附的水分子）多，其抗性就高，反之则低。同时，体内积累的脂肪和糖类的含量越高，抗寒性也越强。昆虫在越冬前体内组织发生一系列的变化，减少游离水，增多结合水、脂肪和糖类，以增强抗寒力，安全越冬。如果秋暖骤然降温严寒早临，虫体越冬准备不足就会大量死亡；或者春暖虫体复苏解除越冬状态，骤然春寒也会造成大量死亡。了解这些情况，对于分析气象资料做害虫测报时很有帮助。一般越冬虫态的抗寒力最强，老熟幼虫次之，正在生长发育的虫态最差。

一般昆虫对高温的忍受能力远不及对低温的忍受能力强。这就是利用高温杀虫比利用低温杀虫效果好得多的根据。许多越冬昆虫能忍受冰点以下的温度，甚至体内已结冰仍不死亡，但在高温时，昆虫的细胞原生质很快变性而死亡。

2. 温度对昆虫的影响及有效积温法则的应用

环境温度对昆虫的生长、发育、繁殖、寿命、活动以及分布等都有很大的影响。在生长发育上，影响昆虫的新陈代谢快慢和发育速度。在有效温度范围内，发育速率（所需天数的倒数）与温度成正比，即温度愈高，发育速率愈快，而发育所需天数就愈少。

（1）有效积温法则

根据实验测得，昆虫完成一定发育阶段（虫期或世代）所需天数，与同期内的有效温度（发育起点以上的温度）的乘积，是一个常数，称此常数为昆虫的有效积温。这一规律称为有效积温法则。可用公式表示：

$$K=N(T-C) \tag{5—1}$$

式中K——有效积温，单位：d·℃

N——发育天数（历期），单位：d；

T——实际温度，单位：℃。

C——发育起点温度，单位：℃。

有效积温法则在害虫测报上经常应用。式中 C、K 可以从实验中测出，某一地区的实际温度 T（日平均温度或旬平均温度）可以从该地历年气象资料中查出（或用试验观察温度）。因此某种害虫在该地一年发生的世代数就可以推算出来：

$$\text{世代数}=\frac{\text{某地一年的有效积温（日度）}}{\text{某虫完成一代所需的有效积温（日度）}} \tag{5—2}$$

知道了某虫完成各虫期所需的有效积温，根据该地区的气候资料或当年的气候预报，就可以预测此虫各虫期在该地的出现日期。

积温法则在实际应用上有一定的局限性：昆虫是有生命的，不是无生命的化合物，因此，不能等同于一般化合物与温度的简单直线关系；昆虫的生长发育不仅受温度影响，而且还受湿度、食物等其他因素的综合影响；所用的温度资料为平均温度（日平均或旬平均），不能完全反映昆虫生活环境的小气候温度，而且，昆虫是生活在昼夜变温之中，不是在恒温条件下；昆虫的发育速率与温度的直线关系只有在适温范围内才呈直线相关，自然温度不一定都是昆虫的适宜温度；昆虫有停育现象，很多昆虫的停育不是因发育起点以下的低温引起的，而在高温时也有夏眠现象。因此，应用积温法则来测报害虫的发生世代、发生期和发生地只是一种参考根据，还必须结合其他因子来综合分析，否则就会不很准确。

（2）温度对昆虫繁殖力的影响

在最适温度范围内，昆虫的性腺成熟随温度升高而加快，产卵前期缩短，产卵量也较大。在低温下成虫多因性腺不能成熟或不能进行性活动等而减低繁殖力。在不适宜的高温下，性腺发育也会受到抑制，生殖力也下降。过高的温度常引起昆虫不育，特别易引起雄性不育。

（3）温度对昆虫其他方面的影响

温度不仅影响昆虫的生长发育和繁殖，也影响昆虫的寿命。一般情况下，昆虫的寿命随温度的升高而缩短，这也是温度影响了昆虫新陈代谢速率的缘故。

温度对昆虫的行为活动影响也很大。在适温范围内，昆虫的活动随温度的升高而加强。

（二）湿度和降水

降水包括降雨、下雹、降雪及雾、露等。降水影响温湿度，对昆虫有直接和间接两个方面的影响。

1. 水对昆虫的意义

湿度和降水问题，实质就是水的问题。水是昆虫进行一切生理活动的介质，是昆虫的生存条件，没有水就没有昆虫的生命。这只要看看昆虫身体的含水量就可以知道了。一般虫体的含水量为体重的46%~92%，有些水生昆虫可高达99%。不同昆虫的含水量不同，都有自己的适当含水量。不同虫态含水量也不同，一般幼虫含水量都高，越冬幼虫含水量则较低。

根据不同昆虫对水分的要求不同，可分为水生昆虫、土栖昆虫和陆生昆虫三大类。

昆虫所需的水分主要由食物中获得，有些种类也可以直接饮水，如蜜蜂及一些蛾、蝶类等。水生昆虫可以直接从水中获得水分，一般昆虫失去水分的主要途径是通过呼吸由气门丧失，其次是粪便、体壁的节间膜部分的蒸发。昆虫从环境中吸取水分供身体的正常生理活动，同时通过呼吸、排泄，将多余的水分排出体外，并以此调节体温（特别在高温环境下通过水分的蒸发来降低体温）。因此，昆虫的正常生理活动只能在获水与失水的动态平衡中进行。如果水分失去平衡，则正常的生理机能受阻，严重时发生死亡。

2. 昆虫对湿度的反应

昆虫对湿度的反应同对温度的反应一样，也有适宜湿度范围和不适宜湿度范围，甚至致死湿度范围，但不像温度那样明显，一般适宜范围也比较大。

3. 湿度对昆虫的影响

湿度对昆虫的影响也同温度一样，但不及温度那样突出。如湿度对昆虫发育速率有影响，一般来讲，在一定温度条件下，湿度才会影响昆虫的发育速率，一般湿度越高，发育历期越短；湿度对昆虫的成活率和繁殖力也有影响，一般湿度大，产卵量高，卵的成活率与孵化率也高。

综上所述，昆虫的生长发育和繁殖都需要相当高的湿度，干旱对昆虫的生长发育和繁殖不利，特别在高温下，更为不利。但也有相反的情况，有的昆虫要求低湿，这样的害虫干旱年份往往为害加重。

4. 降雨对昆虫的影响

降雨可以直接影响昆虫的数量变化，但受降雨时期、次数、雨量而异。降雨还影响空气的湿度和温度等，进而影响昆虫。

暴雨对于弱小的害虫如蚜虫、螨类有机械的冲刷作用。春夏多雨，洼地长期积水，不利于东亚飞蝗卵的存活。

连续降雨会影响寄生性天敌的寄生率，如赤眼蜂、姬蜂等。大雨可迫使远距离迁飞的昆虫（如黏虫）中途降落。降雨会使许多昆虫停止飞行活动，因而会影响灯光诱虫的效果。

总之，降雨对昆虫种群数量动态有很大的影响，在害虫测报中要注意对这一生态因子，进行具体分析。

（三）温湿度的综合作用

在自然界中，温度与湿度总是同时存在、相互影响并综合作用于昆虫，而昆虫对温湿度的反应也总是综合要求的。

在一定的温湿度范围内，不同温湿度组合可以产生相似的生物效应。在相同温度下，湿度不同时产生的效应不同；反过来也是这样。为了更好地说明温湿度对昆虫的综合作用，常常采用温湿系数和气候图来表示说明。

1. 温湿系数

温湿系数即湿度与温度的比值。公式为：

温湿系数=平均相对湿度/平均温度 （5—3）

2. 气候图

根据一年或数年中各月的温湿度组合，可以绘制成气候图，用来分析昆虫的地理分布及数量动态。绘制时，纵轴表示每月平均温度、横轴表示每月平均相对湿度或每月总降水量。

用气候图时一样存在着一定的局限性，因只考虑了温湿度两个生态因子。在分析昆虫种群数量动态和分布时，还应结合其他因子来综合考虑。

（四）光

光同温湿度一样，也是一个重要的气候因子。光对昆虫的影响基本上有三个方面：

1. 光的强度

光的强度即光的辐射能量，主要影响昆虫的活动节律及行为习性，这表现在昆虫的日出性与夜出性、趋光性与背光性上。昆虫对光强度的要求也有一定的范围，在该范围内，趋光性随着光强度的增加而加强，低于下限则无趋光性，高于上限趋光性也不再增加。各种昆虫不同，要求的光强度也不同。

2. 光的性质

光是一种电磁波，因为波长不同而显出各种不同的性质。太阳光通过大气层到达地面的波长为290~2000nm，人眼能见的光只限于390~750nm。波长不同而显出不同的光色，随着波长由750nm逐步缩短为390nm的过程中，光色有红、橙、黄、绿、青（蓝绿）、蓝、紫的变化。短于390nm的是紫外光，长于750nm的是红外光，人眼都不能见。

昆虫辨别光波的能力与人不同，能见的光在250~700nm，偏于短光波，即昆虫可以见到紫外光（人眼看不到）而见不到红外光，有些红色花能反射紫外光，昆虫对它们也有识别能力，这也是利用黑光灯诱虫效果好的道理。人类可以辨别可见光谱中的60种光色，而昆虫中视觉较发达的蜜蜂只能辨别4种光色，即紫、绿、黄、红。不同昆虫对光波各有特殊的反应。如蚜虫，对黄色光波有趋光性，对银灰色光波有背光性，这就可以利用黄色板来诱蚜，利用银光来驱蚜，而在我国南方柑橘园中有一种吸果危害的嘴壶夜蛾，对黄光有背光性，这就可以利用黄光来驱蛾。许多植食性昆虫对紫、蓝、绿色表现出趋光性，如菜粉蝶等。而黏虫雌成虫产卵却喜欢趋向于黄褐色的枯叶（谷子）和枯雄穗（玉米）。由此可见，不同颜色的光波，可成为不同种类的昆虫生命活动的信息。

有些昆虫的不同性别对光波的反应也有差别，如大黑金龟子雄成虫有趋光性，而雌性成虫却无趋光性。这一现象在利用灯光诱杀害虫时应该予以注意。

3. ***光周期***

这是指一天中昼夜的交替现象，一般以24小时中日照时数来表示。光周期在不同地理纬度上有不同程度的季节变化（赤道上无变化）。在北半球，夏至日昼最长夜最短，冬至日昼最短夜最长，春分日、秋分日昼夜时数相等。这种光周期的季节变化在一定纬度地区是相当稳定的。因此对生活于该纬度地区的生物的影响也是深刻而稳定的，并使生物获得了遗传上的稳定性。昆虫也不例外。

光周期对昆虫的生命活动节律起着重要的信息作用，它是引起昆虫滞育的主导因子。有些昆虫以长日照的出现为信息而进入滞育（夏眠性昆虫，如大地老虎等），称为长日照滞育型昆虫（或称为短日照发育型昆虫，因为此类昆虫在短日照下不发生滞育）。另一些昆虫以短日照的出现为信息而进入滞育（冬眠性昆虫，如蚜虫等），称为短日照滞育型昆虫（或长日照发育型昆虫，因为此类昆虫在长日照下不发生滞育）。属于长日照滞育型的昆虫种类很少；属于短日照滞育型的昆虫种类很多，生活于温带及寒温带地区的昆虫大多属于此类；有的种类属于中间型，如桃小食心虫；也有的种类对光照无反应，如秋千毛虫。

昆虫对光周期能起反应的虫态称为感应光照虫态，进行滞育的虫态称为滞育虫态。如菜粉蝶以幼虫为感应光照虫态，以蛹为滞育虫态。

能够引起一种昆虫种群的50%个体进入滞育的光周期，称为临界光周期。

光周期还对昆虫的世代交替起着信息作用。如蚜虫在短光照条件下产生有翅性蚜，出现两性世代；在长日照条件下出现单性世代。

研究昆虫种群在光周期影响下的滞育规律，在昆虫测报上很重要。值得注意的是除光周期是引起滞育的主导因子外，温湿度及食料等也是引起滞育的重要因子。在研究滞育时应该考虑这些生态因子的综合影响。

（五）风

风对昆虫的迁飞、扩散起着重要作用。许多昆虫可以借助风力传播到很远的地方。如蚜虫在风力的帮助下可以迁飞到1220~1440km之外的地方；一些蚊蝇也可以被风带到25~1680km以外；甚至一些无翅昆虫可以附在枯叶碎片上被上升气流带到高空再传播到远方。我国东部地区黏虫成虫的季节性远距离迁飞，都与季风有密切关系。其他迁飞性昆虫如飞艎类、飞虱类、一些蛾蝶类等，在迁飞中都会受到风力的很大影响。一些幼虫在田间扩散也会受到风力的帮助，如槐尺蛾幼虫吐丝下坠，在风力吹动下可以转移到其他的植株上。

著名生物学家、进化论提出者达尔文早年在太平洋一些小岛上考察，发现这些岛上的一些昆虫在强大的海风下，形态上发生了变化：翅退化或极发达，这样就避免被风吹到海里。

大风可以使许多飞行的昆虫停止飞行。据测定当风速超过4m/s时，一般昆虫都停止飞行。搞测报工作的人都会知道，在大风天灯光诱虫的效果不高，风愈大诱虫量就愈少。

风除直接影响昆虫的迁飞、扩散外，还影响环境的湿度及温度，从而间接影响昆虫。

三、土壤因子

土壤是昆虫的一种特殊生态环境。一些昆虫终生生活于土壤中，如蝼蛄、土白蚁、蚂蚁、跳虫等；一些昆虫以一个虫态（或几个虫态）生活于土壤中，如蝉若虫、蛴螬、金针虫、地老虎幼虫等；一些昆虫在土壤中越冬越夏。据估计，约有95%~98%的昆虫种类与土壤发生或多或少的直接联系。因此土壤对昆虫的影响是很大的。这种影响表现在以下几个方面：

（一）土壤温度的影响

土温主要来源于太阳辐射热，其次为土中有机质发酵产生的热，但后者也是受前者影响的。

土温的特点是日变化与年变化不像大气那样大，总的说来比较稳定，尤其土层愈深变化愈小。这就为土栖昆虫提供了一个比较理想的环境，不同种的昆虫可以从不同深度的土层中找到适合的土温。加上土层的保护，所以许多昆虫喜在土壤中越冬（越夏）、产卵或化蛹等。

土栖昆虫的活动也受土壤温度的影响。如蝼蛄、蛴螬、金针虫等地下害虫在冬季严寒和夏季酷热的季节，便潜入深土层越冬或不活动，春、秋温暖季节上升到表土层来取食为害作物等。这种垂直迁移活动不仅在一年中随季节而变化，在一天中也表现出来。

（二）土壤湿度的影响

土壤湿度是指土壤中自由水的绝对含水量的重量百分率，它主要来源于大气的降水及人工灌溉。土壤空气中的气态水一般总是处于饱和状态（除表土层外）。由于土壤湿度一般总是很高的，所以也是许多陆生昆虫喜将不活动的虫态，如卵（或蛹）产于（或潜入）土中的缘故，因为可以避免大气干燥的不利影响。

土壤湿度影响土栖昆虫的分布，如小地老虎幼虫及细胸金针虫喜在含水量较高的低洼地为害活动，而沟金针虫则喜在较干旱地为害活动。

（三）土壤理化性状的影响

土壤的机械组成（指土粒大小及团粒结构等）可以影响土栖昆虫的分布。如葡萄根瘤蚜只能分布在土壤结构疏松的葡萄园里为害，因为一龄若虫活动蔓延需要有较大的土壤空隙，对于砂质土壤无法活动，特别对于流动性大的砂土无法生活。

土壤的酸碱度也影响一些土栖昆虫的分布。有的昆虫喜欢在碱性土壤条件下生存，而有的却喜生活于酸性土壤中。

土壤中有机质的含量也会影响一些昆虫的分布与为害。如施有大量未充分腐熟的有机肥地里，易引诱种蝇、金龟子等成虫前来产卵，从而这些地里的种蝇幼虫和蛴螬为害就重。

总的看来，所有与土壤发生关系的昆虫，对于土壤的温度、含水量、机械组成、酸碱度、有机质含量等都有一定的要求。而人类可以通过耕作制度、栽培条件等的改善来改变土壤状况，从而使土壤有利于作物生长而不利于害虫的生存。

四、生物因子

生物因子同非生物因子一样，对昆虫的生存与繁殖起着重大的作用。但两者又有所不同：非生物因子对昆虫种群中每一个个体都起相似的作用，而且不管个体数量的多少（此即“与种群密度无关”的生态因子）；但生物因子对每一个体的作用不尽相同，而且与个体数量有关（此即“与种群密度有关”的生态因子）。例如，在一特定生活环境中，环境温度对其中生活的某一种类昆虫的所有个体都起相似的作用；而捕食该种昆虫的天敌，并不能捕食到所有的个体，被捕食的个体只能是种群中的一部分，当然种群密度高被捕食的个体也就会多些。这是其一。另外，昆虫对非生物因子的反应只能是单方面的，即昆虫可以去适应非生物因子，而非生物因子绝对不可能来适应昆虫。但是，昆虫与生物因子之间却可以互相适应。如昆虫取食某种植物，此植物对昆虫的取食也会产生一定的抗虫性反应。

生物因子包括食物因子、天敌因子、互利生物、共栖生物等。下面只着重介绍食物因子和天敌因子。

（一）食物因子

昆虫和其他动物一样，不能直接利用无机物来构成自身，必须取食动植物或它们的产物，即利用有机物来构成自身。因此，昆虫离开了这些有机食物就不能生存。食物也是昆虫的生存条件。

1. 食物对昆虫的影响

由于各种昆虫都有自己的特殊食性，因而取食适宜食物时，生长发育快，死亡率低，繁殖力高。纵然多食性昆虫也如此。例如，东亚飞蝗能取食禾本科、茄科等许多科植物，但以禾本科中一些种类最为适宜。如饲以在自然界中它不喜食的油菜，则蝗蝻的死亡率大为增加，发育期也延长；饲以棉花和豌豆则不能完成发育而死亡。同样取食禾本科产卵量最高，大豆、油菜等双子叶植物最差。

同种植物的不同发育阶段对昆虫的影响也不同；食物的含水量对昆虫的生长发育和繁殖也有很大影响，特别对于仓库害虫，如麦蛾不能生存在含水量低于9%~10%的粮食内。

了解昆虫对于寄主植物和寄主植物的不同生育期的特殊要求，在生产实践中就可以合理地改变耕作制度和栽培方法，或利用抗虫品种来达到防治害虫的目的。

2. 食物联系与食物链

昆虫通过食料关系（吃和被吃的关系）与其他生物间建立了相对固定的联系，这种联系称为食物联系。由食物联系建立起来的相对固定的各个生物群体，好像一个链条上的各个环节一样，这个现象叫食物链（或叫营养链）。食物链往往由植物或死的有机体开始，而终止于肉食动物。例如，黄瓜被蚜虫为害，而蚜虫又被捕食性瓢虫捕食，瓢虫又被寄生性昆虫寄生，后者又被小鸟取食，小鸟又被大鸟捕食……正如古语所说：“螳螂捕蝉，黄雀在后”，形象地说明了这种关系。

食物链往往不是单一的一条直链，而是分支再分支，关系十分复杂，形成一个食物网。

食物链中生物的体积愈大，其数量就愈少，其转换和贮存的能量也愈少，这种关系好像一座“金字塔”。通过食物链形成生物群落，再由群落及其周围环境形成生态系。食物链中任何一个环节的变动（增加或减少），都会影响整个食物链的连锁反应。如人工创造有利于害虫天敌的环境，或引进新的天敌种类，以加强天敌这一环节，往往就能有效地抑制害虫这一环节，并会改变整个食物链的组成及由食物联系而形成的生物群落的结构。这就是我们进行生物防治的理论基础。再如，种植作物的抗虫品种，就可以降低害虫的种群数量。通过改变食物链来达到改造农业生态系的目的，这也就是综合防治的依据。

3. 植物的抗虫性

生物之间总是互相适应的：昆虫可以取食植物，植物对昆虫的取食也会产生抗性反应，甚至有的植物还可以“取食”昆虫，或“捕杀”昆虫。以昆虫为食的植物称为食虫植物。它们一般都具有引诱昆虫前来“取食”的颜色、香味和蜜腺（或黏胶腺），并具有敏感的感应器和有效的捕虫器，还有能消化昆虫的特殊酶类，例如猪笼草、茅膏草等。有的植物具有特殊的“捕虫”结构，如蔓摩花的副冠及载粉器可以夹住蝇类的口器和足、翅，使被夹住的蝇类饿死。这类植物为数很少，在生产上尚无利用价值。

植物对昆虫的取食为害所产生的抗性反应，称为植物的抗虫性。根据抗虫性的机制，可以分以下三类：

（1）不选择性

这类植物在形态上（如表皮层厚，或有密而长的毛），或在生化上（不分泌引诱物质或分泌拒避物质），或在物候上（如易受害的生育期与害虫的为害期不相配合）具有特殊性，使昆虫不来产卵或不来取食（或少取食）。

（2）抗生性

这类植物体内含有对昆虫有毒的生化物质（如玉米叶中的“丁布”对玉米螟幼虫有毒），或缺少某种对昆虫必需的营养物质，使昆虫取食后发育不良、寿命缩短、生殖力下降，甚至死亡。另一种情况是植物被取食后很快在伤害处产生组织上或生化上的变化，从而抗拒昆虫继续取食。

（3）耐害性

这类植物被昆虫取食后，有很强的增长和补偿能力，可以弥补受害的损失。如一些谷子品种在受粟灰螟为害后可以增强有效分蘖来弥补损失。

利用植物的抗虫性来防治害虫，在害虫的综合防治上具有重要的实践意义。

（二）天敌因子

在自然界，昆虫与其他生物之间存在着多种多样的关系，它们相互联系、相互依存、相互制约。其中有捕食关系、寄生关系、互利关系和共栖关系等。

凡能捕食或寄生于昆虫的生物（主要是动物），或使昆虫致病的微生物，都是昆虫的天然敌人，我们统称它们为昆虫的天敌。天敌因子虽然不是昆虫的生存条件，但却是昆虫种群数量增长的重要抑制因素。利用害虫的天敌来防治害虫是一项基本措施，它在综合防治中占有重要地位。

第四节　果树非侵染性病害

一、引起非侵染性病害的主要原因

（一）营养缺乏引起的植物病害

植物所必需的营养元素有氮、磷、钾、钙、镁和微量元素铁、硼、锰、锌、铜等十几种。缺乏这些元素时，就会出现缺素症；某种元素过多时，也会影响果树的正常生长发育。

（二）环境不适引起的植物病害

1. 水分失调引起的植物病害

水分直接参与植物体内各种物质的转化和合成，过多过少都会使植物生长出现不适现象。

2. 温度不适宜引起的植物病害

温度的危害主要是低温和高温。低温主要指霜害和冻害（冻害、早霜、晚霜是温度降低到冰点以下，使植物体内发生冰冻而造成的危害。晚秋的早霜常使未木质化的植物器官受害。晚霜病害在树木冬芽萌动后发生，常使嫩芽新叶甚至新梢冻死。树木开花期间受晚霜危害，花芽受冻变黑，花器呈水浸状，花瓣变色脱落）。

3. 光照不适宜引起的植物病害

光照的强弱主要影响植物的光合作用，从而影响植物生长、花芽分化及果实生长。

（三）毒物药害引起的植物病害

1. 环境污染引起的植物病害

环境中的有毒物质达到一定的浓度就会对植物产生有害影响。空气中的有毒气体包括二氧化硫、氟化物、臭氧、氮的氧化物、乙烯、硫化氢等。空气中的二氧化硫主要来源于煤和石油的燃烧。有的植物对二氧化硫非常敏感，如空气中含硫量达 0.005ppm 时，果树自叶缘开始沿着侧脉向中脉伸展，在叶脉之间形成褪绿的花斑。如果二氧化硫的浓度过高时，则褪色斑很快变为褐色坏死斑。

空气中伤害植物的氟化物以氟化氢、氟化硅为主。氟化物的毒性比二氧化硫大 10~20 倍，但来源较少，因此危害不及二氧化硫。植物受氟化物毒害时，首先在叶先端或叶缘表现变色病斑，然后向下方或中央扩展。脉间的病斑坏死干枯后，可能脱落形成穿孔。叶上病健交界处常有一棕红色带纹。危害严重时，叶片枯死脱落。

2. 化学药剂的不当使用造成的植物病害

硝酸盐、钾盐或酸性肥料、碱性肥料如果使用不当，常能产生类似病原菌引起的症状。除草剂使用不慎会使果树受到严重伤害，甚至死亡。阴凉潮湿的天气使用波尔多液和其他铜素杀菌剂时，有些植物叶面会发生灼伤或是出现斑点。苹果、桃均易产生药害。

二、非侵染性病害的诊断

非侵染性病害的病株在群体间发生比较集中，发病面积大而且均匀，没有由点到面的扩展过程，发病时间比较一致，发病部位大致相同。如日灼病都发生在果、枝干的向阳面，除日灼、药害是局部病害外，通常植株表现在全株性发病，如缺素病、旱害、涝害等。

（一）症状观察

对病株上发病部位，病部形态大小、颜色、气味、质地有无病症等外部症状，用肉眼和放大镜观察。非侵染性病害只有病状而无病症，必要时可切取病组织表面消毒后，置于保温（25~28℃）条件下诱发。如经 24~48 小时仍无病症发生，可初步确定该病不是真菌或细菌引起的病害，而属于非侵染性病害或病毒病害。

（二）显微镜检

将新鲜或剥离表皮的病组织切片并加以染色处理。显微镜下检查有无病原物及病毒所致的组织病变（包括内含体），即可提出非侵染性病害的可能性。

（三）环境分析

非侵染性病害由不适宜环境引起，因此应注意病害发生与地势、土质、肥料及与当年气象条件的关系，栽培管理措施、排灌、喷药是否适当，城市工厂三废是否引起植物中毒等，都做分析研究，才能在复杂的环境因素中找出主要的致病因素。

（四）病原鉴定

确定非侵染性病害后，应进一步对非侵染性病害的病原进行鉴定。

1. 化学诊断

化学诊断主要用于缺素症与盐碱害等。通常是对病株组织或土壤进行化学分析，测定其成分、含量，并与正常值相比，查明过多或过少的成分，确定病原。

2. 人工诱发

根据初步分析的可疑原因，人为提供类似发病条件，诱发病害，观察表现的症状是否相同。此法适于温度或湿度不适宜、元素过多或过少、药物中毒等病害。

3. 指示植物鉴定

这种方法适用于鉴定缺素症病原。当提出可疑因子后，可选择最容易缺乏该种元素、症状表现明显、稳定的植物，种植在疑为缺乏该种元素园林植物附近，观察其症状反应，借以鉴定园林植物是否患有该元素缺乏症。

4. 排除病因

采取治疗措施排除病因。如缺素症可在土壤中增施所缺元素或对病株喷洒、注射、灌根治疗。根腐病若是由于土壤水分过多引起的，可以开沟排水，降低地下水位以促进植物根系生长。如果病害减轻或恢复健康，说明病原诊断正确。

第五节　果树侵染性病害

一、病原物的寄生性和致病性

（一）病原物的寄生性

植物病害所有的病原物都是异养生物，它们必须从寄主体内掠取营养物质才能生存，这种依赖于寄主植物获得营养物质而生存的能力，称为寄生性。

不同的病原物，其寄生程度不同。有的病原物的寄生程度很高，只能在活的寄主上寄生，一旦寄主组织死亡，它就不能获取营养而继续生存。这一类病原物称为活养寄生物，以前称之为专性寄生物。另一些病原物则可先在活的寄主上寄生，分泌一些毒素和水解酶，弱化和分解寄主组织，而后获取营养，寄主死亡后，仍然可以继续在死体植物上获取营养而继续生存，这一类病原物称为半活养寄生物，以前称为兼性寄生物。有许多病原物不能在活体植物上获取营养，只能在死亡的植物组织或基物上获取养料，这一类病原物称为死养生物，以前又称为腐生物。

病原物的寄生性在演化过程中，由于受不同性质的寄主植物的影响，即由于病原物和某些科、属、种的寄主植物，甚至和某些品种经常发生营养关系后，便逐渐失去了在其他寄主植物上寄生的能力，于是便产生了寄生性的专化现象。每一种寄生物都只能寄生在一定范围的寄主上。把一种病原物能够寄生的寄主植物的多少称为寄主范围。寄主范围广的，如丝核菌可寄生在分类地位相差很远的几百种植物上，而范围窄的则只能寄生在亲缘关系相近的几种植物上，甚至只能危害一种植物。这种寄生专化性在某些锈菌上表现得尤为显著。

另外，病原物除对寄主的种有所选择外，对寄主的器官和组织也有选择性。

（二）病原物的致病性

病原物的致病性是指病原物对寄主植物诱发病害的能力，即对寄主组织破坏和毒害的能力或作用。病原生物对寄主的影响和致病作用是多方面的，除了夺取寄主的营养物质和水分外，更重要的是病原物在其代谢过程中可以产生对寄主的正常生理活动有害的代谢产物，如酶、毒素和生长调节物质等，诱发一系列病变，产生病害特有的症状。

一般来讲，寄生物都具有寄生性，但并不一定都具有致病性。寄生能力的强弱与致病性也没有直接的联系。比如灰霉病菌的寄生性并不强，但它侵染各种果木植物后，引起大量枝叶、花蕾和果实的腐烂，其致病性很强。相反，一些白粉属于专性寄生的，但有时对寄主植物的危害并不如灰霉病菌大，也是这个道理。

二、寄主植物的抗病性

植物抗病性是指植物避免、中止或阻滞病原物侵入与扩展，减轻发病和损失程度的一类特性。果树的抗病性来源于果树形态学上的特殊性和生理上的特殊反应。如果树表皮的气孔大，开放程度大，开放时间长易感病，反之则抗病。病原物侵染果树时，在侵染点附近形成木栓化，把病、健两部分分开，从而抑制病害。另外，植物的抗病性与栽培措施、环境条件有很大的关系，因此通过改善果树的栽培技术可以提高植物的抗病性，降低病原物对果树的危害。

三、侵染过程

病原物的侵染过程，就是病原物与寄主植物可侵染部位接触，并侵入寄主植物，在植物体内繁殖和扩展，然后发生致病作用，显示病害症状的过程。病原物的侵染是一个连续性的过程，为了便于分析，侵染过程一般分为几个时期，各个时期并没有绝对的界限，通常将它分为侵入前期、侵入、潜育和发病四个时期。

（一）侵入前期

侵入前期又叫接触期，是从病原物与寄主接触，或达到能够受到寄主外渗物质影响的根围或叶围后，开始向侵入的部位生长或运动，并形成某种侵入结构的一段时间。若此时采取能够阻止病原菌侵入的措施或者提供不利于病原菌生存的条件则可以大大减少病菌的侵入，为后期防治打下良好基础。如使用保护性杀菌剂。

（二）侵入期

从病原物侵入寄主植物到开始建立寄生关系为止的一段时期称为侵入期。各种病原物的侵入途径不同，主要有以下三种：

1. 直接侵入

指病原物直接穿透寄主的角质层和细胞壁侵入。除线虫和寄生性种子植物以外，有些真菌也可以直接侵入，其中最常见和研究最多的是白粉菌属、刺盘孢属和黑星菌属等。

2. 自然孔口侵入

植物的许多自然孔口如气孔、排水孔、皮孔、柱头、蜜腺等，都可能是病原物侵入的途径，许多真菌和细菌都是从自然孔口侵入的。在自然孔口中，尤其是以气孔最为重要。真菌的芽管或菌丝从气孔侵入寄主的情况是最常见的，许多细菌也是从气孔侵入的。

3. 伤口侵入

植物表面的各种损伤的伤口，都可能是病原物侵入的途径。除去外因造成的机械损伤外，植物自身在生长过程中也可以造成一些病原物侵入的自然伤口，如叶片脱落后的叶痕和侧根穿过皮层时所形成的伤口等也是病原物的重要侵入途径。

病原生物的侵入还与环境有关，其中以湿度和温度的关系最大。如葡萄霜霉病等就可以根据气象条件预测病菌侵入的可能性。湿度和温度对病菌孢子的萌发和生长及以后的侵入虽然都有影响，但影响的程度并不完全相同。在一定范围内，湿度决定孢子能否萌发和侵入，温度则影响萌发和侵入的速度。目前，使用保护性杀菌剂可以将病原物控制在较低的发病水平。

（三）潜育期

从寄生关系的建立到症状的开始出现称为潜育期。潜育期是病原物在寄主体内进一步扩展、繁殖和蔓延的时期，也是寄主植物调动各种抗病因素积极抵抗病原物的时期，是病原物和寄主植物相互斗争的时期。

不同病害潜育期长短不同，同一种病害潜育期长短也因环境条件和寄主状况而不同，温度对潜育期影响最为明显。

（四）发病期

从寄主表现病状以后到产生病征以至症状停止发展为止称为发病期。此时病原物开始大量繁殖，加重危害或开始流行，所以病害的防治工作仍不能放弃。病原真菌会在此时产生孢子，病原细菌会产生菌脓，此时需要使用治疗性杀菌剂才能控制病情。

四、病害循环

病害循环是指病害从前一生长季节开始发病，到下一生长季节再度发病的过程。侵染循环包括三个基本环节：病原物的越冬或越夏、病原物的传播、初侵染和再侵染。侵染循环是研究植物病害发展规律的基础，是病害防治的关键问题。病害防治措施就是根据病害的循环特点来制定的。

（一）病原物的越冬或越夏

病原物的越冬和越夏，实际上就是在寄主植物收获或休眠以后病原物的存活方式和存活场所，病原物度过寄主休眠期或出于病原物本身的特点存在休眠期而后引起下一季节的初次侵染。病原物越冬和越夏的场所，一般也就是初次侵染的来源。植物病原物的主要越冬和越夏场所（初次侵染来源）有：田间病株及其残体，种子、苗木和其他繁殖材料，土壤，肥料等。

1. 田间病株及其残体

果树大多是多年生植物，绝大多数的病原物都能在病枝干、病根、病芽等组织内、外潜伏越冬。如苹果腐烂病、梨轮纹病和桃细菌性穿孔病等，都是以田间病株作为主要越冬场所的。绝大多数非专性寄生的病原物，都能在染病寄主的枯枝、落叶、落果、残根等植株残体上存活。因此，冬季末采取剪除病枝、刮除病干、喷药或涂药及清理果园的病枝、病叶进行销毁处理，或采取促进病残体分解的措施，对于减少来年发病有很大的帮助。另外，对于寄主范围广的病原菌引起的病害和具转主寄生现象的病害，还要考虑果园周围其他栽培作物和转主寄主的铲除。

2. 种子、苗木和其他繁殖材料

果树的繁殖材料一般包括苗木、接穗等，如果这些材料本身感染病原物后，不仅本身

发病，还会成为田间的发病中心，造成病害在田间的扩散和蔓延，侵染新的植株。如苹果花叶病、葡萄黑痘病、枣疯病等，常通过砧木传播。因此果树在栽植、嫁接或播种前一定要进行除菌处理，如水选、筛选或热处理。

3. 土壤

对土传病害或植物根病来说，土壤是最重要的或唯一的侵染来源。很多病原菌在土壤中越冬，有的可存活数年之久。病原物除休眠体外，还以腐生方式在土壤中存活。土壤习居菌有很强的腐生能力，当寄主残体分解后能直接在土壤中营腐生生活。果树一般是多年生的，很难通过轮作的方法消灭土壤中的病原物，因此对一些能够在土壤中长期或多年存活的病原物，例如果树根癌病菌、根朽病菌、白纹羽病菌等，除杜绝病害的传入外，进行园地选择、土壤消毒等，也可以消灭和减少土壤中的病原菌。

4. 肥料

病原物可以随着病株的残体混入肥料内，病菌的休眠体也能单独散落在肥料中。肥料如未充分腐熟，其中的病原物接种体可以长期存活而引起感染。用带有病菌休眠孢子的饲料喂家畜，排出的粪也可能带菌，如不充分腐熟，就可能传播病害。

（二）病原物的传播

病原物的传播主要是依赖外界的因素，其中有自然因素和人为因素，自然因素中以风、雨、水、昆虫和其他动物传播的作用最大；人为因素中以种苗或种子的调运、农事操作和农业机械的传播最为重要。

各种病原物传播的方式和方法是不同的，例如细菌多半是由雨水和昆虫传播；真菌主要是以孢子随着气流和雨水传播；病毒则主要靠生物介体传播。寄生性种子植物的种子可以由鸟类传播，也可随气流传播，少数可主动弹射传播。线虫的卵、卵囊和胞囊等一般都在土壤中或在土壤中的植物根系内、外，主要由土壤、灌溉水以及河流的流水传播。人们的鞋靴、农具和牲畜的腿脚常常做近距离甚至远距离传播。含有线虫的苗木、种子、果实、茎秆和松树的原木、昆虫和某些生物介体都能传播线虫。

（三）初侵染和再侵染

越冬或越夏的病原物，在植物新的生长季引起最初的侵染称为初侵染。受到初侵染的植物发病后，有的可以产生孢子或其他繁殖体，进行传播后引起植物的再次得病即为再侵染。有些病害只有初侵染没有再侵染，如苹果和梨的锈病。许多植物病害在一个生长季节中可能发生若干次再侵染，如霜霉病、黑星病等。

有无再侵染是制定防治措施和防治时间的重要依据。对于只有初次侵染的病害，只要清除越冬病原物、降低侵染源，就可减轻病害的发生。而对于具有再侵染的病害除清除越冬病原物外，还应及时铲除发病中心或中心病株（发病早而严重的病株）。

五、植物病害的流行

病害流行是指果园内植物群体发病的现象。流行病害的特征是寄主群体中染病个体持续增加，病原体数量持续增加。所谓果树病害防治是指流行性病害防治，以免造成经济上的重大损失。

（一）病害流行的因素

病害发生并不等于病害流行，植物得病后是否能够引起病害的流行受到寄主植物群体、病原物群体、环境条件和人类活动诸方面多种因素的影响。在诸多流行因素中，往往有一种或少数几种起主要作用，被称为流行的主导因素。病害的大流行往往与主导因素的剧烈变动有关。正确地确定主导因素，对于流行分析、病害预测和防治都有重要意义。

（二）病害流行的类型

流行病害的特征是寄主群体中染病个体持续增加，病原体数量持续增加。流行病害按其发生特征可分为两类：

1. 积年流行病

这类病害只有初侵染，无再侵染或再侵染作用不大。在一个生长季节中菌量增长幅度不大，但能够逐年积累，稳定增长，经过一定时间后可导致病害流行，这种流行类型称为单循环病害。如苹果和梨的锈病、柿圆斑病等。

2. 单年流行病害

单年流行病害是指在一个生长季中病原物能够连续繁殖多代，从而发生多次再侵染的病害。这类病害绝大多数是局部侵染的，寄主的感病时期长，病害的潜育期短。病原物的增殖率高，但其寿命不长，对环境条件敏感，在不利条件下会迅速死亡。如梨黑星病、葡萄霜霉病、枣诱病、各种白粉病和炭疽病等。

（三）植物病害的预测预报

依据病害的流行规律，利用经验的或系统模拟的方法估计一定时间后的病害流行状况，称为病害的预测；由权威机构发布预测的结果称为预报。

病害预测的主要依据有病害流行规律、病害流行的主导因素、寄主植物的感病性、种植栽培方式、环境条件等。此外，对于昆虫介体传播的病害，介体昆虫数量和带毒率等也是重要的预测依据。

按照植物病害预测的内容和预报量的不同可分为流行程度预测、病害发生期预测和损失预测等。按照病害预测的时限可分为长期预测、中期预测和短期预测。

第六章　果树病虫害的综合防治技术

第一节　果树病虫害防治的基本原理

一、综合治理的概念

防治果树病虫害的方法有很多，但是各有其优缺点，单靠其中一种措施，往往不能达到目的，甚至还会引起不良反应。病虫综合治理是一种方案，它能控制病虫的发生，避免相互矛盾，尽量发挥有机的调和作用，保持经济允许水平之下的防治体系。它从果园生态系统总体出发，根据果树病虫与环境之间的相互关系，充分发挥自然因素的控制作用，因地制宜，协调应用各种必要措施，将有害生物控制在经济损失允许水平之下，以获得最佳的经济效益、生态效益和社会效益。

二、综合治理发展的几个阶段

有害生物综合治理的概念是人类在与病虫害做斗争的过程中逐步形成和发展起来的。人类与有害生物斗争的历史大体上可以分为三个阶段：

第一阶段：即早期的有害生物的治理是依靠综合防治的。当时有害生物的生物学知识未被充分认识，人类为了保护植物，创造了许多生物的、物理的、栽培的防治方法。当时各种方法不是十分有效，于是就提出各种方法配合使用，以取得最好的效果，已包含了现代综合治理的内容。这一阶段，有些病虫害不能十分有效地防治，但一般能降低为害水平。

第二阶段：20 世纪 40 年代以来，随着有机合成农药 DDT 的问世，以及有机氯、有机磷、氨基甲酸酯类农药的出现，防治效果大大提高了。这个阶段的标志是化学防治占垄断地位，其他方法都较少使用和研究，前一阶段提出的综合防治也基本放弃。但到了 60 年代发现化学防治存在一定问题：第一，害虫对杀虫剂产生了抗药性，防效降低了，用药量增加才能达到原来的防效；第二，导致环境污染及生态环境的破坏；第三，杀死了害虫的天敌，导致次要害虫也变为主要害虫，灾害越来越重。这一阶段害虫防治总的情况是：虽然害虫可以防治，但是害虫越来越多，越来越不易防治。

第三阶段，从 20 世纪 60 年代至今。人们从化学防治实践中得到启发，发现任何一种防治措施都不是万能的，有长处也有短处。只有综合应用各种防治措施，取长补短，相互配合，协调一致，持续治理，才能达到控制病虫害的目的，于是提出了有害生物综合治理的新概念。

综合防治是对有害生物进行科学管理的体系。它从农业生态系总体出发，根据有害生物和环境之间的相互关系，充分发挥自然控制因子的作用，因地制宜地协调应用必要的措施，将有害生物控制在经济受害允许水平之下，以获得最佳的经济、生态和社会效益。这一综合防治定义与国际上常用的有害生物综合治理（IPM）的内涵一致。

三、综合治理的几大观点

（一）生态观

病虫害综合治理从果园生态系的总体出发，根据生态系统中病虫和环境之间的关系，强调利用自然因素控制病虫害的发生，同时有针对性地调节和操纵生态系统里某些组分，以创造一个有利于植物和病虫天敌生存，不利于病虫发生发展的环境条件，从而预防或减轻病虫害的发生与危害。通过全面分析各生态因子之间的相互关系，防治效果与生态平衡的关系，综合治理有害生物。

（二）控制观

在综合治理过程中，所采取措施并非把病虫彻底消灭，而是以预防为主，将病虫种群数量控制在经济损失允许水平之下。对于果园植保工作，主要是在确保果树生产的经济效益的同时，不破坏果园应有的生态效益。因此，要将害虫的为害控制在经济允许为害水平以下。

（三）综合治理观

各种防治方法都有其局限性，都不是万能的，在实际防治中综合考虑治理对象，必须综合应用各种防治方法，取长补短、相互协调，持续治理才能达到控制病虫为害的目的。

（四）整体观

果园病虫害综合治理是一个病虫控制的系统工程，是一个管理体系。从果园的规划到果树的栽培、修剪管理等整个过程都要有计划地应用综合治理的策略和措施，才能保障果园生态系统的可持续发展。

四、综合治理方案的制订

果园管理保护工作者要以“预防为主、综合防治”为指导思想，认真研究当地果树病虫害的种类、为害程度、发生发展规律以及当地环境条件、管理水平等情况，从生态系统的整体观出发，设计和制订防治方案。设计和制订的防治方案，要充分发挥生态系统的自我调控作用，重视经济阈值在方案中的实施，在此基础上综合、协调、灵活地应用各种防治措施，将病虫害种群数量控制在经济损失允许水平之下。

（一）病虫害综合治理方案制订的原则

在果园病虫害综合治理方案的制订过程中要坚持“安全、有效、经济、简单”的原则，将病虫害控制在防治指标之内。“安全”是指所制订的防治方法对人、畜、天敌、果树等无毒副作用，对环境无污染；“有效”指在一定时间内所用的防治方法能使病虫害减轻，即控制在经济损失允许水平之下；“经济”是指尽可能投入少，回报效益高；“简单”就是所采用的防治方法应简单易行，便于掌握。

（二）综合治理方案的类型

（1）以一种病虫为对象。如对黄褐天幕毛虫的综合治理措施。

（2）以一种果树上所发生的病虫为对象。如对苹果病虫害的综合治理。

（3）以某个区域为对象。如对冀州区付水店村果树病虫害的综合治理。

五、综合治理的策略

（一）果园生态系统的整体观念

果园生态系统是由果树、病虫害、天敌及其所在的环境构成的，各组分之间相互依存，相互制约，构成一个整体。其中任何一个组分的变化，都会直接或间接影响其他组分的变化，影响病虫害、天敌的消长与生存，最终影响到整个果园生态系统的稳定。因此，果树病虫害综合治理要从果园生态系统的整体出发，综合考虑果树、病虫害、天敌和它们所处的环境条件，有目的、有针对性地调节和操纵果园生态系统中的某些组成部分，创造一个有利于果树和天敌的生长发育，而不利于病虫害发生发展的环境条件，进而实现长期内可持续控制病虫害发生发展，达到治本的目的。

（二）充分发挥自然控制因素的作用

果园病虫害在综合治理过程中，要充分发挥自然控制因素（如天敌、气候等）的作用，以预防为主，充分保护和利用天敌，调节田间小气候，逐步加强自然控制的各因素，增强自然控制力，减少病虫害的发生。

（三）协调运用各种防治措施

果园病虫害综合治理是一个病虫控制的系统工程，通过一种防治方法往往很难达到目的，需要联合应用多种防治措施。以植物检疫为前提，果园管理技术措施为基础，综合应用生物防治、物理机械防治、化学防治等措施。针对不同的病虫害，采用不同对策。灵活、协调应用几项措施，取长补短，因地制宜，实现“经济、安全、有效”地控制病虫害的发生和危害。

（四）经济阈值及防治指标

所谓经济损失允许水平（EIL）也叫经济阈值（ET），是指植物因病虫造成的损失与防治费用相等条件下的种群密度或植物受害的程度。而防治指标是指病、虫、杂草等有害生物为害后所造成的损失达到防治费用时的种群密度的数值。一般用虫口密度和病情指数表示。

一般控制病虫危害，使其危害程度在经济损失允许水平以下。若超过其范围就要掌握有利时机及时采取防治措施，来阻止达到造成经济损失的程度。或者说病虫为害程度低于防治指标，可不防治，否则，应及时采取防治措施。

第二节　果树病虫害的综合防治方法

一、植物检疫

植物检疫也叫法规防治，是防治病虫害的基本措施之一，也是实施“综合治理”措施的有利保证。

（一）植物检疫的必要性

1. 植物检疫的概念

植物检疫是指一个国家或地方政府颁布法令，设立专门机构，禁止或限制危险性病、虫、杂草等人为的传入或传出，或者传入后为限制其继续扩展所采取的一系列措施。

2. 植物检疫的必要性

在自然情况下，病、虫、杂草等的分布虽然可以通过气流等自然动力和自身活动扩散，不断扩大其分布范围，但这种能力是有限的。再加上有高山、海洋、沙漠等天然屏障的阻隔，病、杂草的分布有一定的地域局限性。但是，一旦借助人为因素的传播，就可以附着在种子、苗木、接穗、插条及其他植物产品上跨越这些天然屏障，由一个地区传到另一个地区，或由一个国家传播到另一个国家。当这些病菌、害虫及杂草离开了原产地，到达一个新的地区后，原来制约病虫害发生发展的一些环境因素被打破，条件适宜时，就会迅速扩展蔓延，猖獗成灾。历史上这样的教训很多。为了防止危险性病、虫、杂草的传播，各国政府都制定了检疫法令，设立了检疫机构，进行植物病虫害及杂草的检疫。

（二）植物检疫的步骤和主要内容

1. 植物检疫的任务

植物检疫的任务主要有以下三个方面：

（1）禁止危险性病、虫及杂草随着植物及其产品由国外输入或国内输出。

（2）将国内局部地区已发生的危险性病、虫和杂草封锁在一定范围内，防止其扩散蔓延，并积极采取有效措施，逐步予以清除。

（3）当危险性病、虫和杂草传入新地区时，应采取紧急措施，及时就地消灭。

2. 植物检疫措施

我国对植物检疫采取了以下措施：

（1）对外检疫和对内检疫

对外检疫（国际检疫）是国家在对外港口、国际机场及国际交通要道设立检疫机构，对出口的植物及其产品进行检疫处理。防止国外新的或在国内还是局部发生的危险性病、虫及杂草的输入；同时也防止国内某些危险性的病、虫及杂草的输入。对内检疫（国内检疫）是国内各级检疫机关，会同交通运输、邮电、供销及其他有关部门根据检疫条例，对所调运的植物及其产品进行检验和处理，以防止仅在国内局部地区发生的危险性病、虫及杂草传播蔓延。我国对内检疫主要以产地检疫为主，道路检疫为辅。对内检疫是对外检疫的基础，对外检疫是对内检疫的保障，二者紧密配合，互相促进，以达到保护园艺生产的目的。

（2）检疫对象的确定

病虫害及杂草的种类很多，不可能对所有的病、虫、杂草进行检疫，而是根据调查研究的结果，确定检疫对象名单。确定检疫对象的依据及原则是：第一，本国或本地区未发生的或分布不广、局部发生的病、虫、杂草；第二，危害严重、防治困难的病、虫、杂草；第三，可借助人为活动传播的病、虫、杂草。即可以随同种实、接穗、包装物等运往各地，适应性强的病、虫、杂草。

同时，必须根据寄主范围和传播方式确定应该接受检疫的种苗、接穗及其他植物产品的种类和部位。

检疫对象名单并不是固定不变的，应根据实际情况的变化及时修订或补充。

（3）划定疫区和保护区

有检疫对象发生的地区为疫区，对疫区要严加控制，禁止检疫对象传出，并采取积极的防治措施，逐步消灭检疫对象。未发生检疫对象但有可能传播进检疫对象的地区划定为保护区，对保护区要严防检疫对象传入，充分做好预防工作。

（4）其他措施

包括建立和健全植物检疫机构、建立无检疫对象的种苗繁育基地、加强植物检疫科研工作等。

3. 植物检疫的步骤

（1）对内检疫

第一步，报检：调运和邮寄种苗及其他应受检的植物产品时，向调出地有关检疫机构报验。

第二步，检验：检疫机构人员对所报验的植物及其产品要进行严格的检验。到达现场后凭肉眼和放大镜对产品进行外部检查，并抽取一定数量的产品进行详细检查，必要时可进行显微镜检及诱发试验等。

第三步，检疫处理：经检验如发现检疫对象，应按规定在检疫机构监督下进行处理。一般方法有禁止调运、就地销毁、消毒处理、限制使用地点等。

第四步，签发证书：经检验后，如不带检疫对象，则检疫机构发给国内植物检疫证书放行；如发现检疫对象，经处理合格后，仍发证放行；无法进行消毒处理的，应停止调运。

（2）对外检疫

我国进出口检疫包括以下几个方面：进口检疫、出口检疫、旅客携带物检疫、国际邮包检疫、过境检疫等。应严格执行《中华人民共和国进出口动植物检疫条例》及其实施细则的有关规定。

4. **植物检疫的方法**

植物检疫的检验方法有现场检验、实验室检验和栽培检验三种。具体方法多种多样，植物检疫工作一般由检疫机构进行。

二、栽培管理防治措施

栽培管理技术防治措施就是通过改进栽培技术，使环境条件不利于病虫害的发生，而有利于园艺植物的生长发育，直接或间接地消灭或抑制病虫的发生与为害。这种方法不需要额外投资，而且又有预防作用，可长期控制病虫害，因而是最基本的防治方法。但这种措施也有一定的局限性，病虫害大发生时必须依靠其他防治措施。

园艺技术防治措施可分为以下几个环节：

（一）清洁田园

及时收集田园中的病虫害残体，并加以深埋或烧毁。生长季节要及时摘除病、虫枝叶，清除因病虫或其他原因致死的植株。园艺操作过程中应避免人为传染，如摘心、除草时要防止工具和人手对病菌的传带。温室中带有病虫的土壤、盆钵在未处理前不可继续使用。无土栽培时，被污染的营养液要及时清除，不得继续使用。除草要及时，许多杂草是病虫害的野生寄主，增加了病虫害的侵染来源，同时杂草丛生还提高了周围环境的湿度，有利于病害的发生。

（二）合理轮作、间作

1. **合理轮作**

连作往往会加重园艺植物病害的发生，实行轮作可以减轻病害，轮作时间视具体病害而定。轮作是古老而有效的防病措施，轮作植物需为非寄主植物。通过轮作，使土壤中的病原物因找不到食物“饥饿”而死，从而降低病原物的数量。

2. **配置适当**

建园时，应注意有些植物往往是一些病虫害的寄主或转主寄主，不能选用。例如果园防风林的选择，应考虑杨树是介壳虫喜爱的寄主，桧柏是果树锈病的转主寄主。

（三）加强园艺管护

1. 加强肥水管理

合理的肥水管理不仅能使植物健壮地生长，而且能增强植物的抗病虫能力。使用无机肥时要注意氮、磷、钾等营养体的配合，防治施肥过量或出现缺素症。浇水量、浇水时间等都影响着病虫害的发生。喷灌和洒水等方式往往容易引起叶部病害的发生，最好采用沟灌、滴灌等。浇水量要适宜，浇水过多易烂根，浇水过少则易使果树因缺水而生长不良，出现各种生理性病害或加重侵染性病害的发生。多雨季节要及时排水。浇水时间最好选择在晴天的上午，以便及时地降低叶表湿度。

2. 改善环境条件

改善环境条件主要是调节栽培地的湿度和温度，尤其是温室栽培植物，要经常通风换气、降低湿度，以减轻灰霉病、霜霉病等病害的发生。定植密度要适宜，以利通风透光。冬季温度要适宜，不要忽冷忽热。否则，各种果树往往因生长环境欠佳，导致各种生理性病害及侵染性病害的发生。

3. 合理修剪

合理修剪、整枝不仅可以增强树势、花叶并茂，还可以减少病虫为害。例如，对天牛、透翅蛾等钻蛀性害虫以及袋蛾、刺蛾等食叶害虫，均可以采用修剪虫枝等进行防治。对于介壳虫、粉虱等害虫，则通过修剪、整枝达到通风透光的目的，从而抑制此类害虫的为害。秋、冬季节结合修枝，剪去有病枝条，从而减少来年病虫害的初侵染源。

4. 中耕除草

中耕除草不仅可以保持地力，减少土壤水分的蒸发，促进植株健壮生长，提高抗逆能力，还可以清除许多病虫的发源地及潜伏场所。许多害虫的幼虫、蛹或卵生活在浅土层中，通过中耕，可使其暴露于土表，便于杀死。

5. 翻土培土

结合深耕施肥，可将表土或落叶层中越冬的病菌、害虫深翻入土。苗圃、菜园等场所在冬季暂无植物生长，最好深翻一次，这样便可将其深埋于地下，翌年不再发生为害。对于果园树坛翻耕时要特别注意树冠下面和根颈部附近的土层，让覆土达到一定的厚度，使病菌无法萌发，害虫无法孵化或羽化。

6. 采后的管理

贮库须预先清扫消毒，通气晾晒。贮藏期间要控制好温度和相对湿度。

（四）选育抗病虫品种

1. 培育抗病虫品种

培育抗病虫品种是预防病虫害的重要一环，不同果树品种对于病虫害的受害程度并不一致。我国园艺植物资源丰富，为抗病虫品种的选育提供了大量的种质，因而培育抗性品种前景广阔。培育该类品种的方法很多，有常规育种、辐射育种、化学诱变、单倍体育种等。随着转基因技术的不断发展，将抗病虫基因导入园艺植物体内，获得大量理想化的抗性品种已逐步变为现实。

2. 繁育健壮种苗

园艺上有许多病虫害是依靠种子、苗木及其他无性繁殖材料来传播的，因而通过一定的措施，培育无病虫的健壮种苗，可有效地控制该类病虫害的发生。

（1）无病虫圃地育苗

选取土壤疏松、排水良好、通风透光、无病虫为害的场所为育苗圃地。盆播育苗时应注意盆钵、基质的消毒，同时通过适时播种，合理轮作，整地施肥以及中耕除草等加强养护管理，使之苗齐、苗全、苗壮、无病虫为害。如番茄等进行育苗时，对基质及时消毒或更换新鲜基质，则可大大提高育苗的成活率。

（2）无病株采种（芽）

园艺植物的许多病害是通过种苗传播的，只有从健康母株上采种（芽），才能得到无病种苗，避免或减轻该类病害的发生。

（3）组培脱毒育苗

园艺植物中病毒病发生普遍而且严重，许多种苗都带有病毒，利用组培技术进行脱毒处理，对于防治病毒病十分有效。

三、物理机械防治

利用各种简单的器械和各种物理因素来防治病虫害的方法称为物理机械防治。这种方法既包括古老、简单的人工捕杀，也包括近代物理新技术的应用。

（一）捕杀法

利用人工或各种简单的器械捕捉或直接消灭害虫的方法称捕杀法。人工捕杀适合于具有假死性、群集性或其他目标明显易于捕捉的害虫。如金龟子的成虫具有假死性，可在清晨或傍晚温度稍低时将其振落杀死；榆蓝叶甲的老熟幼虫群集于树皮缝或枝杈下方等处化蛹，此时可人工捕杀；冬季修剪时，剪去黄刺蛾茧和天幕毛虫卵环，刮除舞毒蛾卵块等；生长季节人工捏杀卷叶蛾虫苞，捕捉天牛成虫等。此法的优点是不污染环境，不杀伤天敌。缺点是工效低，费工。

（二）诱杀法

利用害虫的趋性，人为设置器械或诱物来诱杀害虫的方法称为诱杀法。利用此法还可以预测害虫的发生动态。

1. 灯光诱杀

利用害虫对灯光的趋性，人为设置灯光诱杀害虫。如黑光灯、高压电网灭虫灯等。

2. 食物诱杀

利用害虫的趋化性，在其所喜欢的食物中掺和适量毒剂来诱杀害虫的方法叫毒饵诱杀，如蝼蛄、地老虎等地下害虫可用麦麸掺和适量辛硫磷等药剂制成毒饵来诱杀；利用害虫对某些植物有特殊的嗜食习性，人为种植或采集此种植物诱杀害虫的方法叫植物诱杀，如苗圃周围种植蓖麻，可使金龟子误食后麻醉而集中捕杀。

3. 潜所诱杀

利用害虫在某一时期喜欢某一特殊环境的习性，人为设置类似的环境来诱杀害虫的方法称为潜所诱杀。如在树干基部绑扎草把或麻袋片，可引诱某些蛾类幼虫前来越冬或化蛹；苗圃地堆集新鲜杂草，能诱集地老虎幼虫潜伏草下，然后集中杀灭。

4. 色板诱杀

将黄色黏胶板设置于栽培区域，可诱到大量的有翅蚜、白粉虱、斑潜蝇等成虫。

（三）阻隔法

人为设置各种障碍，以切断病虫害的侵害途径称为阻隔法，也叫障碍物法。

1. 涂毒环、涂胶环

对有上、下树习性的幼虫或无翅成虫可在树干上涂毒环、涂胶环，阻隔和触杀幼虫。

2. 挖障碍沟

对不能飞翔只能靠爬行扩散的害虫，可在未受害区周围挖沟，害虫坠落沟中后予以消灭；对紫色根腐病等借助菌索蔓延传播的根部病害，在受害植株周围挖沟能阻隔病菌菌索的蔓延。挖沟宽 30cm，深 40cm，两壁要光滑垂直。

3. 纱网、套袋阻隔

对于温室内栽培的植物，可采用 40~60 目的纱网覆罩，不仅可以隔绝蚜虫、叶蝉、粉虱、蓟马等害虫的危害，还能有效地减轻病毒病的侵染；对于树上的果实，可采取套袋阻隔，如套袋阻隔茶翅蝽为害桃果、梨果等。

4. 土壤覆盖薄膜或盖草也能达到防病的目的

许多叶部病害的病原物是在病残体上越冬的，土壤覆膜或盖草（稻草、麦秸草等）可大幅度地减轻病害的发生。膜或干草不仅对病原物的传播起到了机械阻隔作用，而且覆膜后土壤温度、湿度提高，加速了病残体的腐烂，减少了侵染来源。另外，干草腐烂后还可增加肥料。

（四）汰选法

利用健全种子和被害种子大小、比重上的差异进行机械或液相分离，剔除带有病虫的种子。常用的有手选、筛选、盐水选等。

带有病虫的苗木，有的用肉眼便能识别，因而引进购买苗木时，要汰除有病虫害的苗木，尤其是带有检疫对象的材料，一定要彻底检查，将病虫拒之门外。特殊情况时，应进行彻底消毒，并隔离种植。在此特别需要强调的是，从国外或外地大批量引进苗木时，一定要经有关部门检疫，有条件时最好到产地进行实地考察。

（五）温度处理

任何生物，包括植物病原物和害虫，对温度都有一定的忍耐性，超过限度生物就会死亡。害虫和病菌对高温的忍受力都较差，通过提高温度来杀死病菌或害虫的方法称温度处理法，简称热处理。主要有干热处理和湿热处理两种。

1. 种苗的热处理

有病虫的苗木可用热风处理，温度为35~40℃，处理时间为1~4周。也可用50℃左右的温水处理，浸泡时间为10min到3h。例如有根结线虫病的植物先在30~35℃的水中预热30min，然后在45~65℃的温水中处理0.5~2h可防病，处理后的植株用凉水淋洗；用80℃热水浸刺槐种子30min后捞出，可杀死种内小蜂幼虫，不影响种子发芽率。

种苗热处理的关键是温度和时间的控制，要注意对处理材料的安全。对有病虫的植物做热处理时，要事先进行试验。热处理时升温要缓慢，使种苗有个适应温热的锻炼过程。一般从25℃开始，每天升高2℃，6~7天后达到37℃±1℃的处理温度。

2. 土壤的热处理

现代温室土壤热处理是使用热蒸汽（90~100℃），处理时间为30min。蒸汽热处理可大幅度降低镰刀菌引致的枯萎病及地下害虫的发生程度。在发达国家，蒸汽热处理已成为常规管理。

利用太阳能热处理土壤也是有效的措施。在7—8月份将土壤摊平做垄，垄为南北向。浇水并覆盖塑料薄膜（25μm厚为宜）。在覆盖期间要保证有10~15天的晴天，耕层温度可高达60~70℃，能基本上杀死土壤中的病原物。温室大棚中的土壤也可照此法处理。当夏季花木搬出温室后，将门窗全部关闭并在土壤表面覆膜，能较彻底地消灭温室中的病虫害。

（六）近代物理技术的应用

近几年来，随着物理学发展，生物物理也有了相应的发展。因此，应用新的物理学成就来防治病虫，也就具有了愈加广阔的前景。原子能、超声波、紫外线、红外线、激光、高频电流等，正普遍应用于生物物理范畴，其中很多成果正在病虫害防治中得到应用。

1. 原子能的利用

原子能在昆虫方面的应用，除用于昆虫的生理效应、遗传性的改变以及示踪原子对昆虫毒理和生态方面的研究外，也可用来防治病虫害。例如直接用32.2万伦琴的Coγ-射线照射仓库害虫，可使害虫立即死亡，即使用6.44万伦琴剂量，仍有杀虫效力，部分未被杀死的害虫，虽可正常生活和产卵，但生殖能力受到了损害，所产的卵粒不能孵化。

2. 高频、高压电流的应用

通常我们所使用的50Hz的低频电流，在无线电领域中，一般将3000万Hz的电流称为高频率电流，3000万Hz以上的电流称为超高频电流。在高频率电场中，由于温度增高等原因，可使害虫迅速死亡。由于高频率电流产生在物质内部，而不是由外部传到内部，因此对消灭隐蔽为害的害虫极为方便。该法主要用于防治仓储害虫、土壤害虫等。

高压放电也可用来防治害虫。如国外设计的一种机器，两电极之间可以形成5cm的火花，在火花的作用下，土壤表面的害虫在很短时间内就可死亡。

3. 超声波的应用

利用振动在20 000次/s以上的声波所产生的机械动力或化学反应来杀死害虫。例如对水源的消毒灭菌、消灭植物体内部害虫等。也可利用超声波或微波引诱雄虫远离雌虫，从而阻止害虫的繁殖。

4. 光波的利用

一般黑光灯诱集的昆虫有害虫也有益虫，近年根据昆虫复眼对各种光波具有很强鉴别力的特点，采用对波长有调节作用的“激光器”，将特定虫种诱入捕虫器中加以消灭。

四、生物防治

利用生物及其代谢物质来控制病虫害的方法称为生物防治法。生物防治的特点是对人、畜、植物安全，害虫不产生抗性，天敌来源广，且有长期抑制作用。但往往局限于某一虫期，作用慢，成本高，人工培养及使用技术要求比较严格。必须与其他防治措施相结合，才能充分发挥其应有的作用。

生物防治可分为以虫治虫、以菌治虫、以鸟治虫、以蛛螨类治虫、以激素治虫、以菌治病、以虫除草、以菌除草等。

（一）利用有益动物治虫除草

1. 捕食性天敌昆虫

专以其他昆虫或小动物为食物的昆虫，称为捕食性昆虫。这类昆虫用它们的咀嚼式口器直接蚕食虫体的一部分或全部，有些则用刺吸式口器刺入害虫体内吸食害虫体液使其死亡，有害虫也有益虫。因此，捕食性昆虫并不都是害虫的天敌。但是螳螂、瓢虫、草蛉、猎蝽、食蚜蝇等多数情况下是有益的，是园林中最常见的捕食性天敌昆虫。这类天敌，一般个体较被捕食者大，在自然界中抑制害虫的作用十分明显。此外，蜘蛛和其他捕食性益螨对某些害虫的控制作用也很明显，对它们的研究和利用也受到了广泛的注意。

2. 寄生性天敌害虫

一些昆虫种类，在某个时期或终身寄生在其他昆虫的体内或体外，以其体液和组织为食来维持生存，最终导致寄主昆虫死亡。这类昆虫一般称为寄生性天敌昆虫。主要包括寄生蜂和寄生蝇。这类昆虫个体一般较寄主小，数量比寄主多，在一个寄主上可育出一个或多个个体。

寄生性天敌昆虫的常见类群有姬蜂、小茧蜂、蚜茧蜂、土蜂、肿腿蜂、黑卵蜂及小蜂类和寄蝇类。

3. 天敌昆虫利用的途径和方法

当地自然天敌昆虫的保护和利用：自然界中天敌的种类和数量很多，在田间对害虫的种群密度起着重要的控制作用，因此要善于保护和利用。具体措施有：

（1）对害虫进行人工防治时，把采集到的卵、幼虫、茧蛹等放在害虫不易逃走而各种寄生性天敌昆虫能自由飞出的保护器内，待天敌昆虫羽化飞走后，再将未被寄生的害虫进行处理。

（2）化学防治时，应选用选择性强或残效期短的杀虫剂，选择适当的施药时期和方法，尽量减少用药次数，喷施杀虫剂时尽量避开天敌活动盛期，以减少杀虫剂对天敌的伤害。

（3）保护天敌过冬。瓢虫、螳螂等越冬时大多在干基枯枝落叶层、树洞、石块下等处，在寒冷地区常因低温的影响而大量死亡。因此，搜集越冬成虫在室内保护，翌春天气回暖时再放回田间，这样可保护天敌安全越冬。

（4）改善天敌的营养条件。一些寄生蜂、寄生蝇成虫羽化后常需补充花蜜。如果成虫羽化后缺乏蜜源，常造成死亡，因此，园林植物栽植时要适当考虑蜜源植物的配置。

人工大量繁殖释放天敌昆虫：在自然条件下，天敌的发展总是以害虫的发展为前提，在害虫发生初期由于天敌数量少，对害虫的控制力低，再加上受化学防治的影响，田间天敌数量减少。因此，须采用人工大量繁殖的方法，繁殖一定数量的天敌，在害虫发生初期释放到野外，可取得较显著的防治效果。目前已繁殖利用成功的有赤眼蜂、异色瓢虫、黑缘红瓢虫、草蛉、平腹小蜂、管氏肿腿蜂等。

移殖、引进外地天敌：天敌移殖是指天敌昆虫在本国范围内移地繁殖，天敌引进是指从一个国家移入另一个国家。我国从国外引进天敌虽有不少成功的事例，但失败的次数也很多。主要是因为对天敌及其防治对象的生物学、生态学及它们的原产地了解不足所致。在天敌昆虫的引移过程中，要特别注意引移对象的一般生物学特性，选择好引移对象的虫态、时间及方法，应特别注意两地生态条件的差异。蜘蛛和捕食螨同属于节肢动物门、蛛形纲，它们全部以昆虫和其他小动物为食，是较重要的天敌类群。

其他有益动物治虫：①蜘蛛和螨类治虫。近十几年来，对蛛、螨类的研究利用已取得较快进展。蜘蛛为肉食性，主要捕食昆虫，食料缺乏时也有相互残杀现象。根据蜘蛛是否结网，通常分为游猎型和结网型两大类。游猎型蜘蛛不结网，在地面、水面及植物体表面行游猎生活。结网型蜘蛛能结各种类型的网，借网捕捉飞翔的昆虫。田间可根据网的类型识别蜘蛛。捕食螨是指捕食叶螨和植食性害虫的螨类。重要科有植绥螨科、长须螨科。这两个科中有的种类已能人工饲养繁殖并释放于温室和田间，对防治叶螨收到良好效果。如尼氏钝绥螨、拟长毛钝绥螨。②蛙类治虫。两栖类中的青蛙、蟾蜍等，主要以昆虫及其他小动物为食。所捕食的昆虫，绝大多数为农林害虫。蛙类食量很大，如泽蛙 1 天可捕食叶蝉 260 头。为发挥蛙类治虫的作用，除严禁捕杀蛙类外，还应加强人工繁殖和放养蛙类，保护蛙卵和蝌蚪。③鸟类治虫。食虫鸟类，对抑制园艺、园林害虫的发生起到了一定作用。目前，在城市风景区、森林公园等保护益鸟的主要做法是严禁打鸟、人工悬挂鸟巢招引鸟类定居以及人工驯化等。④利用有益动物除草。目前在这方面得的较多的是利用昆虫除草。最早利用昆虫防治杂草成功的例子是对马缨丹的防治。该草是原产于中美洲的一种多年生灌木，20 世纪初作为观赏植物输入夏威夷，不幸很快蔓延全岛的牧场和椰林，成为放牧的严重障碍。人们从墨西哥引进了马缨丹籽潜蝇等昆虫，使问题得以解决。再如澳大利亚利用昆虫防治霸王树仙人掌、克拉马斯草、紫茎泽兰以及苏联利用昆虫防治豚草、列当等都非常成功。除此之外，螨类、鱼类、贝类以及家禽中的鹅等，也可用以防除杂草。如保加利亚的一些农场利用放鹅能有效地防治列当，平均每公顷有一只鹅，就足以把列当全部消灭。

（二）利用有益微生物杀虫、治病、除草

1. 以菌治虫（细菌、真菌、病毒、线虫、杀虫素）

人为利用病原微生物使害虫得病而死的方法称为以菌治虫。能使昆虫得病而死的病原微生物有真菌、细菌、病毒、立克次氏体、原生动物及线虫等。目前生产上应用较多的是前三类。以菌治虫具有较高的推广应用价值。

（1）细菌

昆虫病原细菌已经发现90余种，多属于芽孢杆菌科和肠杆菌科。病原细菌主要通过消化道侵入虫体内，导致败血症或由于细菌产生的毒素使昆虫死亡。被细菌感染的昆虫，食欲减退，口腔和肛门具黏性排泄物，死后虫体颜色加深，并迅速腐败变形、软化、组织溃烂，有恶臭味，通称软化病。

目前我国应用最广的细菌制剂主要有苏云金杆菌。这类制剂无公害，可与其他农药混用，并且对温度要求不严，在温度较高时发病率高，对鳞翅目幼虫防效好。

（2）真菌

病原真菌的类群较多，约750种，但研究较多且使用价值较大的主要是接合菌中的虫霉属，半知菌中的白僵菌属、绿僵菌属等。病原菌以其孢子或菌丝自体壁侵入昆虫体内，以虫体各种组织和体液为营养，随后虫体上长出菌丝，产生孢子，随风和水流进行再侵染。感病昆虫常出现食欲减退、虫体萎缩，死后虫体僵硬，体表布满菌丝和孢子。

目前应用较为广泛的真菌制剂是白僵菌，不仅可有效地控制鳞翅目、同翅目、膜翅目、直翅目等害虫，而且对人、畜无害，不污染环境。

（3）病毒

昆虫的病毒病在昆虫中很普遍。利用病毒来防治昆虫，其主要特点是专化性强，在自然情况下，往往只寄生一种害虫，不存在污染与公害问题。昆虫感染病毒后，虫体多卧于或悬挂在叶片及植株表面，后期流出大量液体，无臭味，体表无丝状物。

在已知的昆虫病毒中，防治应用较广的有核型多角体病毒（NPV）、颗粒体病毒（GV）和质型多角体病毒（CPV）三类。这些病毒主要感染鳞翅目、双翅目、膜翅目、鞘

翅目等的幼虫。如上海使用大蓑蛾核型多角体病毒防治大蓑蛾效果很好。

（4）线虫

有些线虫可寄生地下害虫和钻蛀害虫，导致害虫受抑制或死亡。被线虫寄生的昆虫通常表现为褪色或膨胀、生长发育迟缓、繁殖能力降低，有的出现畸形。不同种类的线虫以不同的方式影响被寄生的昆虫，如索线虫以幼虫直接穿透昆虫表皮进入体内寄生一个时期，后期钻出虫体进入土壤，再发育为成虫并交尾产卵。索线虫穿出虫体时所造成的孔洞导致昆虫死亡。

目前，国外利用线虫防治害虫的研究正在形成生防“热点”。我国线虫研究工作，起步虽晚，但进度很快。可以预料，利用线虫进行生物防治，不久就会取得满意的效果。

（5）杀虫素

某些微生物在代谢过程中能够产生杀虫的活性物质，称为杀虫素。目前取得一定成效的有杀蚜素、浏阳霉素等。近几年大批量生产并取得显著成效的为阿维菌素（杀虫、杀螨剂）、浏阳霉素（杀螨剂）等。

该类药剂杀虫效力高、不污染环境、对人、畜无害，符合当前无公害生产的原则，因而极受欢迎。

2. 以菌治病

某些微生物在生长发育过程中能分泌一些抗菌物质，抑制其他微生物的生长，这种现象称拮抗作用。利用有拮抗作用的微生物来防治植物病害，有的已获得成功。如利用哈氏木霉菌防治茉莉花白绢病，有很好的防治效果。目前，以菌治病多用于土壤传播的病害。

3. 以菌除草

在自然界中，各种杂草和园艺、园林植物一样，在一定环境条件下都能感染一定的病害。利用病原微生物来防治杂草，虽然其工作较以虫治草为迟，但微生物的繁殖速度快，工业化大规模生产比较容易，且具有高度的专一性，因而它的出现，就显示出了在杂草生物防治中强大的生命力和广阔的前景。

利用真菌来防治杂草是整个以菌治草中最有前途的一类。如澳大利亚利用一种锈菌防治菊科杂草——粉苞菊非常成功。苏联利用一种链格孢菌防治三叶草菟丝子也非常理想。利用鲁保一号菌防治菟丝子是我国早期杂草生物防治最典型最突出的一例。

（三）利用昆虫激素防治害虫

昆虫的激素分外激素和内激素两大类型。昆虫的外激素是昆虫分泌到体外的挥发性物质，是昆虫对它的同伴发出的信号，便于寻找异性和食物。已经发现的有性外激素、结集

外激素、追踪外激素及告警外激素。目前研究应用最多的是雌性外激素。某些昆虫的雌性外激素已能人工合成，在害虫的预测预报和防治方面起到了非常重要的作用。目前我国人工合成的雌性外激素种类有马尾松毛虫、白杨透翅蛾、桃小食心虫、梨小食心虫、苹小卷叶蛾等。

昆虫性外激素的应用有以下几个方面：

1. 诱杀法

利用性引诱剂将雄蛾诱来，配以黏胶、毒液等方法将其杀死。如利用某些性诱剂来诱杀国槐小卷蛾、桃小食心虫、白杨透翅蛾、大袋蛾等效果很好。

2. 迷向法

成虫发生期，在田间喷洒适量的性引诱剂，使其弥漫在大气中，使雄蛾无法辨认雌蛾，从而干扰正常的交尾活动。

3. 绝育法

将性诱剂与绝育剂配合，用性引诱剂把雄蛾诱来，使其接触绝育剂后仍返回原地。这种绝育后的雄蛾与雌蛾交配后产下不正常的卵，起到灭绝后代的作用。

除此之外，昆虫性外激素还可以应用于害虫的预测预报，即通过成虫期悬挂性诱芯，掌握害虫发生始期、盛期、末期及发生量，指导施药时机和施药次数，减少环境污染和对天敌的伤害。

昆虫内激素是分泌在体内的一类激素，用以控制昆虫的生长发育和蜕皮。昆虫内激素主要有保幼激素、蜕皮激素及脑激素。在害虫防治方面，如果人为地改变内激素的含量，可阻碍害虫正常的生理功能，造成畸形，甚至死亡。

五、化学防治法

化学防治法是指用各种有毒的化学药剂来防治病虫害、杂草等有害生物的一种方法。

化学防治法具有快速高效、使用方法简单、不受地域限制、便于大面积机械化操作等优点。但也具有容易引起人、畜中毒，环境污染，杀伤天敌，引起次要害虫再猖獗，并且长期使用同一种农药，可使某些害虫产生不同程度的抗药性等缺点。当病虫害大发生时，化学防治可能是唯一的有效方法。今后相当长时期内化学防治仍然占重要地位。至于化学防治的缺点，可通过发展选择性强、高效、低毒、低残留的农药以及通过改变施药方式、减少用药次数等措施逐步加以解决，同时还要与其他防治方法相结合，扬长避短，充分发挥化学防治的优越性，减少其毒副作用。

（一）农药的种类、剂型及使用方法

1. 农药的种类

农药的种类很多，按照不同的分类方式可有不同的分法，一般可按防治对象、化学成分、作用方式进行分类。

按防治对象分类，农药可分为：杀虫剂、杀菌剂、杀螨剂、杀线虫剂、杀鼠剂、除草剂等。

按化学成分分类，农药可分为：①无机农药，即用矿物原料加工制成的农药，如波尔多液等；②有机农药，即有机合成的农药，如敌敌畏、乐斯本、三唑酮、代森锰锌等；③植物性农药，即用天然植物制成的农药，如烟草、鱼藤、除虫菊等；④矿物性农药，如石油乳剂；⑤微生物农药，即用微生物或其代谢产物制成的农药，如白僵菌、苏云金杆菌等。

按作用方式分类，杀虫剂可分为：

（1）胃毒剂

通过消化系统进入虫体内，使害虫中毒死亡的药剂。如敌百虫，适合于防治咀嚼式口器的昆虫。

（2）触杀剂

通过与害虫虫体接触，药剂经体壁进入虫体内使害虫中毒死亡的药剂。如大多数有机磷杀虫剂、拟除虫菊酯类杀虫剂。触杀剂对各种口器的害虫均使用，但对体被蜡质分泌物的介壳虫、木虱、粉虱等效果差。

（3）内吸剂

药剂易被植物组织吸收，并在植物体内运输，传导到植物的各部分，或经过植物的代谢作用而产生更毒的代谢物，当害虫取食使其中毒死亡的药剂。如乐果、吡虫啉等。内吸剂对刺吸式口器的昆虫防治效果好，对咀嚼式口器的昆虫也有一定效果。

（4）熏蒸剂

药剂以气体分子状态充斥其作用的空间，通过害虫的呼吸系统进入虫体，使害虫中毒死亡的药剂。如磷化铝、溴甲烷等。熏蒸剂应在密闭条件下使用，效果才好。如用磷化铝片剂防治蛀杆害虫时，要用泥土封闭虫孔；用溴甲烷进行土壤消毒时，须用薄膜覆盖等。

（5）其他杀虫剂

忌避剂，如驱蚊油、樟脑；拒食剂，如拒食胺；黏捕剂，如松脂合剂；绝育剂，如噻替派、六磷胺等；引诱剂，如糖醋液；昆虫生长调节剂，如灭幼脲Ⅲ。这类杀虫剂本身并无多大毒性，而是以特殊的性能作用于昆虫。一般将这些药剂称为特异性杀虫剂。

实际上，杀虫剂的杀虫作用并不完全是单一的，多数杀虫剂往往兼具几种杀虫作用。如敌敌畏具有触杀、胃毒、熏蒸三种作用，但以触杀作用为主。在选择使用农药时，应注意选用其主要的杀虫作用。

2. 农药的剂型

为了方便使用，农药被加工成不同的剂型，常见的剂型有以下几种：

粉剂：是用原药加入一定量的惰性粉，如黏土、高岭土、滑石粉等，经机械加工成粉末状物，粉粒直径在 100μm 以下。粉剂不易被水湿润，不能兑水喷雾。一般高浓度的粉剂用于拌种、制作毒饵或土壤处理用，低浓度的粉剂用作喷粉。

可湿性粉剂：在原药中加入一定量的湿润剂和填充剂，经机械加工成的粉末状物，粉粒直径在 70μm 以下。它不同于粉剂的是加入了一定量的湿润剂，如皂角、亚硫酸纸浆废液等。可湿性粉剂可兑水喷雾，一般不用作喷粉。因为它分散性能差，浓度高，易产生药害，价格也比粉剂高。

乳油：原药加入一定量的乳化剂和溶剂制成的透明状液体。如 40%乐果乳油。乳油适于对水喷雾用，用乳油防治害虫的效果比同种药剂的其他剂型好，残效期长。因此，乳油是目前生产上应用最广的一种剂型。

颗粒剂：原药加入载体（黏土、煤渣等）制成的颗粒状物。粒径一般在 250～600μm 之间，如 3%呋喃丹颗粒剂，主要用于土壤处理，残效期长，用药量少。

烟雾剂：原药加入燃料、氧化剂、消燃剂、引芯制成。点燃后燃烧均匀，成烟率高，无明火，原药受热气化，再遇冷凝结成微粒飘于空间。一般用于防治温室大棚及仓库病虫害。

超低容量制剂：原药加入油脂溶剂、助剂制成。专门供超低容量喷雾。使用时不用兑水而直接喷雾，单位面积用量少，工效高，适于缺水地区。

可溶性粉剂（水剂）：用水溶性固体农药制成的粉末状物。可兑水使用。成本低，但不宜久存，不易附着于植物表面。

片剂：原药加入填料制成的片状物。如磷化铝片剂防蛀干害虫天牛。

其他剂型：熏蒸剂、缓释剂、胶悬剂、毒笔、毒绳、毒纸环、毒签、胶囊剂等。

随着农药加工技术的不断进步，各种新的制剂被陆续开发利用。如微乳剂、固体乳油、悬浮乳剂、漂浮颗粒剂、微胶囊剂、泡腾片剂等。

3. 农药的使用方法

农药的品种繁多，加工剂型也多种多样，同时防治对象的为害部位、为害方式、环境条件等也各不相同。因此，农药的使用方法也随之多种多样。常见的有：

喷雾：喷雾是借助于喷雾器械将药液均匀地喷布于防治对象及被保护的寄主植物上，是目前生产上应用最广泛的一种方法。适合于喷雾的剂型有乳油、可湿性粉剂、可溶性粉剂、胶悬剂等。在进行喷雾时，雾滴大小会影响防治效果，一般地面喷雾直径最好在50~80μm。喷雾时要求均匀周到，使目标物上均匀地有一层雾滴，并且不形成水滴从叶片上滴下为宜。喷雾时最好不要在中午进行，以免发生药害和人体中毒。

喷粉：喷粉是利用喷粉器械产生的风力，将粉剂均匀地喷布在目标植物上的施药方法。此法最适于干旱缺水地区使用。适于喷粉的剂型为粉剂。此法的缺点是用药量大，粉剂黏附性差，效果不如同药剂的乳油和可湿性粉剂好，而且易被风吹失和雨水冲刷，污染环境。因此，喷粉时，宜在早晚叶面有露水或雨后叶面潮湿且无风条件下进行，使粉剂易于在叶面沉积附着，提高防治效果。

土壤处理：是将药粉用细土、细砂、炉灰等混合均匀，撒施于地面，然后进行耧耙翻耕等。主要用于防治地下害虫或某一时期在地面活动的昆虫。如用5%辛硫磷颗粒剂1份与细土50份拌匀，制成毒土。

拌种、浸种或浸苗、闷种：拌种是指在播种前用一定量的药粉或药液与种子搅拌均匀，用以防治种子传染的病害和地下害虫。拌种用的药量，一般为种子重量的0.2%~0.5%。浸种和浸苗是指将种子或幼苗浸泡在一定浓度的药液里，用以消灭种子、幼苗所带的病菌或虫体。闷种是把种子摊在地上，把稀释好的药液均匀地喷洒在种子上，并搅拌均匀，然后堆起熏闷并用麻袋等物覆盖，经一昼夜后，晾干即可。

毒谷、毒饵：利用害虫喜食的饵料与农药混合制成，引诱害虫前来取食，产生胃毒作用将害虫毒杀而死。常用的饵料有麦麸、米糠、豆饼、花生饼、玉米芯、菜叶等。饵料与敌百虫、辛硫磷等胃毒剂混合均匀，撒布在害虫活动的场所。主要用于防治蝼蛄、地老虎、蟋蟀等地下害虫。毒谷是用谷子、高粱、玉米等谷物作饵料，煮至半熟有一定香味时，取出晾干，拌上胃毒剂。然后与种子同播或撒施于地面。

熏蒸：熏蒸是利用有毒气体来杀死害虫或病菌的方法。一般应在密闭条件下进行。主要用于防治温室大棚、仓库、蛀杆害虫和种苗上的病虫。例如用磷化锌毒签熏杀天牛幼虫、用溴甲烷熏蒸棚内土壤等。

涂抹、毒笔、根区施药：涂抹是指利用内吸性杀虫剂在植物幼嫩部分直接涂药，或将树干刮老皮露出韧皮部后涂药，让药液随植物体运输到各个部位。此法又称内吸涂环法。如在李树上涂40%乐果5倍液，用于防治桃蚜，效果显著。毒笔是采用触杀性强的拟除虫菊酯类农药为主剂，与石膏、滑石粉等加工制成的粉笔状毒笔。用于防治具有上、下树习性的幼虫。毒笔的简单制法是用2.5%的溴氰菊酯乳油按1∶99与柴油混合，然后将粉笔在此油液中浸渍，晾干即可。药效可持续 20 天左右。根区施药是利用内吸性药剂埋于植物根系周围。通过根系吸收运输到树体全身，当害虫取食时使其中毒死亡。如用 3%呋喃丹颗粒剂埋施于根部，可防治多种刺吸式口器的害虫。

注射法、打孔法：用注射机或兽用注射器将内吸性药剂注入树干内部，使其在树体内传导运输而杀死害虫或用触杀剂直接接触虫体。一般将药剂稀释 2~3 倍。可用于防治天牛等。打孔法是用木钻、铁钎等利器在树干基部向下打一个 45°角的孔，深约 5cm，然后将 5~10ml 的药液注入孔内，再用泥封口。药剂浓度一般稀释 2~5 倍。对于一些树势衰弱的古树名木，也可用注射法给树体挂吊瓶，注入营养物质，以增强树势。

总之，农药的使用方法很多，在使用农药时可根据药剂的性能及病虫害的特点灵活运用。

（二）农药的稀释计算

1. 药剂浓度表示法

目前，我国在生产上常用的药剂浓度表示法有倍数法、百分比浓度法和百万分浓度法。

倍数法是指药液（药粉）中稀释剂（水或填料）的用量为原药剂用量的多少倍，或者是药剂稀释多少倍的表示法。生产上往往忽略农药和水的比重差异，即把农药的比重看作 1，通常有内比法和外比法两种配法。用于稀释 100 倍（含 100 倍）以下时用内比法，即稀释时要扣除原药剂所占的 1 份。如稀释 10 倍液，即用原药剂 1 份加水 9 份。用于稀释 100 倍以上时用外比法，计算稀释量时不扣除原药剂所占的 1 份。如稀释 1000 倍液，即可用原药剂 1 份加水 1000 份。

百分比浓度法是指 100 份药剂中含有多少份药剂的有效成分。百分比浓度又分为重量百分浓度和容量百分浓度。固体与固体之间或固体与液体之间，常用重量百分浓度，液体与液体之间常用容量百分浓度。

百万分浓度法，是国际通用浓度表示法，ppm 意为百万分之一，如 100 万分溶剂中含 1 分溶质即为 1ppm。

2. 农药的稀释计算

（1）按有效成分的计算

通用公式：

$$\text{原药剂浓度} \times \text{原药剂重量} = \text{稀释药剂浓度} \times \text{稀释药剂重量} \quad (6\text{-}1)$$

①求稀释剂重量：计算 100 倍以下时，

稀释剂重量=原药剂重量×（原药剂浓度-稀释药剂浓度）÷稀释药剂浓度 （6-2）

例：用40%福美砷可湿性粉剂10kg，配成2%稀释液，需加水多少？

计算：10×（40%-2%）÷2%=190（kg）

计算100倍以上时，

稀释剂重量=原药剂重量×原药剂浓度÷稀释药剂浓度 （6-3）

例：用100ml，80%敌敌畏乳油稀释成0.05%浓度，需加水多少？

计算：100×80%÷0.05%=160（kg）

②求用药量：

原药剂重量=稀释药剂重量×稀释药剂浓度÷原药剂浓度 （6-4）

例：要配制0.5%乐果药液1000ml，求40%乐果乳油用量。

计算：1000×0.5%÷40%=12.5（ml）

（2）根据稀释倍数的计算

此法不考虑药剂的有效成分含量

①计算100倍以下时，

稀释药剂重=原药剂重量×稀释倍数-原药剂重量 （6-5）

例：用40%乐果乳油10ml加水稀释成50倍药液，求稀释液重量。

计算：10×50-10=490（ml）

②计算100倍以上时，

稀释药剂重=原药剂重量×稀释倍数 （6-6）

例：用80%敌敌畏乳油10ml加水稀释成1500倍药液，求稀释液重量。

计算：10×1500=15（kg）

（三）合理使用农药

农药的合理使用就是要求贯彻“经济、安全、有效”的原则，从综合治理的角度出发，运用生态学的观点来使用农药。在生产中应注意以下几个问题：

1. 正确选药

各种药剂都有一定的性能及防治范围，即使是广谱性药剂也不可能对所有的病害或虫害都有效。因此，在施药前应根据实际情况选择合适的药剂品种，切实做到对症下药，避免盲目用药。

2. 适时用药

在调查研究和预测预报的基础上，掌握病虫害的发生规律，抓住有利时机用药。既可节约用药，又能提高防治效果，而且不易产生药害。如一般药剂防治害虫时，应在初龄幼虫期，若防治过迟，不仅害虫已造成损失，而且虫龄越大，抗药性越强，防治效果也越差，且此时天敌数量较多，药剂也易杀伤天敌。药剂防治病害时，一定要用在寄主发病之前或发病早期，尤其需要指出保护性杀菌剂必须在病原物接触侵入寄主前使用，除此之外，还要考虑气候条件及物候期。

3. **适量用药**

施用农药时，应根据用量标准来实施。如规定的浓度、单位面积用量等，不可因防治病虫心切而任意提高浓度、加大用药量或增加使用次数。否则，不仅会浪费农药，增加成本，而且还易使植物体产生药害，甚至造成人、畜中毒。另外，在用药前，还应搞清农药的规格，即有效成分的含量，然后再确定用药量。如常用的杀菌剂福星，其规格有10%乳油与40%乳油，若10%乳油稀释2000~2500倍液使用，40%乳油则需稀释8 000~10 000倍液。

4. **交互用药**

长期使用一种农药防治某种害虫或病菌，易使害虫或病菌产生抗药性，降低防治效果，病虫越治难度越大。这是因为一种农药在同一种病虫上反复使用一段时间后，药效会明显降低。为了提高防治效果，不得不增加施药浓度、用量和次数，这样反而更加重了抗药性的发展。因此应尽可能地轮换用药，所用农药品种也应尽量选用不同作用机制的类型。

5. **混合用药**

将两种或两种以上的对病虫具有不同作用机制的农药混合使用，以达到同时兼治几种病虫、提高防治效果、扩大防治范围、节省劳力的目的。如灭多威与菊酯类混用、有机磷制剂与拟除虫菊酯混用、甲霜灵与代森锰锌混用等。农药之间能否混用，主要取决于农药本身的化学性质。农药混合后它们之间应不产生化学和物理变化，才可以混用。

（四）安全使用农药

在使用农药防治植物病虫害的同时，要做到对人、畜、天敌、植物及其他有益生物的安全，要选择合适的药剂和准确的使用浓度。在人口稠集的地区、居民区等处喷药时，要尽量安排在夜间进行，若必须在白天进行，应先打招呼，避免发生矛盾和出现意外事故。要谨慎用药，确保对人、畜及其他有益动物和环境的安全，同时还应注意尽可能选用选择性强的农药、内吸性农药及生物制剂等，以保护天敌。防治工作的操作人员必须严格按照用药的操作规程规范工作。

1. 防止用药中毒

为了安全使用农药，防止出现中毒事故，需注意下列事项：

用药人员必须身体健康。如有皮肤病、高血压、精神失常、结核病患者，药物过敏者，孕期、经期、哺乳期的妇女等，不能参加该项工作。

用药人员必须做好一切安全防护措施。配药、喷药时应穿戴防护服、手套、风镜、口罩、防护帽、防护鞋等标准的防护用品。

喷药应选在无风的晴天进行，阴雨天或高温炎热的中午不宜用药。有微风的情况下，工作人员应站在上风头，顺风喷洒，风力超过4级时，停止用药。

配药、喷药时，不能谈笑打闹、吃东西、抽烟等。如果中间休息或工作完毕时，须用肥皂洗净手脸，工作服也要洗涤干净。

喷药过程中，如稍有不适或头疼目眩时，应立即离开现场，寻一通风阴凉处安静休息，如症状严重，必须立即送往医院，不可延误。

用药前还应搞清所用农药的毒性，是属高毒、中毒还是低毒，做到心中有数，谨慎使用。用药时尽量选择那些高效、低毒或无毒、低残留、无污染的农药品种。污染严重的化学农药不用。

2. 安全保管农药

农药应设立专库贮存，专人负责。每种药剂贴上明显的标签，按药剂性能分门别类存放，注明品名、规格、数量、出厂年限、入库时间，并建立账本。

健全领发制度。领用药剂的品种、数量，需经主管人员批准，药库凭证发放；领药人员要根据批准内容及药剂质量进行核验。

药品领出后，应专人保管，严防丢失。当天剩余药品需全部退还入库，严禁库外存放。

药品应放在阴凉、通风、干燥处，与水源、食物严格隔离。油剂、乳剂、水剂要注意防冻。

药品的包装材料（瓶、袋、箱等）用完后一律回收，集中处理，不得随意乱丢、乱放或派作他用。

3. 药害及其预防

药害是指用药不当对植物造成的伤害。有急性药害和慢性药害之分。急性药害指的是用药几小时或几天内，叶片很快出现斑点、失绿、黄化等；果实变褐，表面出现药斑；根系发育不良或形成黑根、鸡爪根等。慢性药害是指用药后，药害现象出现相对缓慢，如植株矮化、生长发育受阻、开花结果延迟等。植物由于种类多，生态习性各有不同，加之有些种类长期生活于温室、大棚，组织幼嫩，常因用药不当而出现药害。

（1）发生原因

①药剂种类选择不当：如波尔多液含铜离子浓度较高，多用于木本植物，草本植物由于组织幼嫩，易产生药害。石硫合剂防治白粉病效果颇佳，但由于其具有腐蚀性及强碱性，用于草本植物时易生药害。

②部分植物对某些农药品种过敏：即使在正常使用情况下，也易产生药害。如碧桃、樱花等对敌敌畏敏感，桃、李类对乐果及波尔多液敏感等。

③在植物敏感期用药：各种植物的开花期是对农药最敏感的时期之一，用药宜慎重。

④高温、雾重及相对湿度较高时易产生药害：温度高时，植物吸收药剂及蒸腾较快，使药剂很快在叶尖、叶缘集中过多而产生药害；雾重、湿度大时，药滴分布不均匀也易出现药害。

⑤浓度高、用量大：为克服病虫害之抗性等原因而随意加大浓度、用量，易产生药害。

（2）防止措施

为防止植物出现药害，除针对上述原因采取相应措施预防发生外，对于已经出现药害的植株，可采用下列方法处理：

①根据用药方式，如根施或叶喷的不同，分别采用清水冲根或叶面淋洗的办法，去除残留毒物。

②加强肥水管理：使之尽快恢复健康，消除或减轻药害造成的影响。

第七章　果树常用的杀菌剂

第一节　农用抗生素

一、多抗霉素

商品名称：宝丽安，多氧霉素，科生霉素，多氧清等。

化学名称：肽嘧陡核苷类抗生素。

制剂类型：10%、3%、2%、1.5%多抗霉素可湿性粉剂，0.3%多抗霉素水剂。

理化性质：该类抗生素是含有A至N共14种同系物的混合物。我国生产的多抗霉素主要成分是多抗霉素A和多抗霉素B，是多抗霉素金色链霉菌所产生的代谢物，含量为84%（相当于84万单位/克），系无色针状结晶，熔点180℃。日本产的多抗霉素称为多氧霉素，是可可链霉素阿苏变种产生的代谢产物，主要成分为多抗霉素B，占22%~25%（相当于22万~25万单位/克），系无定形结晶，分解温度160℃。多抗霉素易溶于水，对人、畜低毒，在动物体内无蓄积，易排出体外，对水生生物及蜜蜂低毒，是环保型绿色农药。

作用：多抗霉素是广谱性、具有内吸传导作用的抗生素类杀菌剂，对链格孢菌、葡萄孢菌、灰霉菌等真菌病害有较好防治效果。药剂喷到病菌体上后，病原菌细胞壁壳多糖的生物合成受到干扰，使以壳多糖为基质构成细胞壁的真菌、芽管和菌丝体局部膨大、破裂，细胞内容物溢出，导致病原菌细胞不能正常生长发育而死亡。同时，该药剂还具有抑制病菌产生孢子及病斑扩大等作用。

多抗霉素在北方落叶果树上主要是用来防治苹果斑点落叶病、霉心病，梨黑斑病，草莓的灰霉病等。尤其对霉心病的防治，苹果落花60%~80%时，喷布多抗霉素防治霉心病效果显著，而且不影响坐果。

使用方法：防治苹果树斑点落叶病，在发病初期施药，使用10%多抗霉素可湿性粉剂1000~1500倍液（有效成分67~100mg/kg）喷雾。

防治苹果树轮斑病，在发病初期施药，使用10%多抗霉素可湿性粉剂1000~1500倍液（有效成分67~100mg/kg）喷雾。

防治苹果树、梨树黑斑病，在发病初期施药，使用3%多抗霉素可湿性粉剂50~200倍液喷雾。

防治苹果树、梨树灰斑病，在发病初期施药，使用3%多抗霉素可湿性粉剂50~200倍液喷雾。

防治葡萄炭疽病，在发病初期施药，使用16%多抗霉素可溶粒剂2500~3000倍液（有效成分53.3~64mg/kg）喷雾。

注意事项：

（1）不能与碱性或酸性农药混用。

（2）密封保存，以防潮结失效。

（3）虽属低毒药剂，使用时仍应按安全规则操作。

二、嘧啶核苷类抗生素

商品名称：农抗120，抗霉生素120，120农用抗生素。

化学名称：嘧啶核苷类抗生素。

制剂类型：2%、4%嘧啶核苷类抗生素水剂。

理化性质：嘧啶核苷类抗生素为吸水刺孢链霉菌北京变种，以前习惯称之为“农抗120”。自21世纪初在《农药管理信息汇编》上，把该药的通用名称由“农抗120”改为“嘧啶核苷类抗生素”。该剂主要成分为120-B，类似于黑霉素，可直接阻碍病原菌蛋白质合成，导致病原菌死亡；次要组分为120-A，类似于潮霉素；另一组分为120-C，类似星霉素。纯品外观为白色粉末，熔点为165~167℃（分解），易溶于水。商品外观为褐色液体，无霉变结块，无臭味，沉淀物≤2，碱性条件下易分解。该药剂对人、畜低毒，无残留，不污染环境，对作物和天敌安全。有刺激植物生长的作用。

作用：本剂为广谱性抗真菌的农用抗生素，兼具预防和治疗作用。通过阻碍病原菌蛋白质的合成，导致病原菌死亡。

在北方落叶果树上，该剂既可防治轮纹烂果病、炭疽病，也可防治斑点落叶病、白粉病等，是可在苹果、梨、桃树、葡萄、大樱桃等果树上广泛使用的比较安全的生物杀菌剂。

使用方法：防治苹果树白粉病，在发病初期施药，使用4%嘧啶核苷类抗生素水剂400倍液（有效成分100mg/kg）喷雾。

防治葡萄白粉病，在发病初期施药，使用4%嘧啶核苷类抗生素水剂400倍液（有效成分 100mg/kg）喷雾。

注意事项：

（1）不能与碱性或酸性农药混用。

（2）喷施应避开烈日和阴雨天，傍晚喷施于作物叶片或果实上。

（3）本品含量极高，随配随用，请按照使用浓度配制。

三、井冈霉素

商品名称：有效霉素，百里达斯，validamycin 等。

化学名称：N-［（1S）-（1，4，6/5）-3-羟甲基-4，5，6-三羟基-2-环己烯基］［O-β-D-吡喃葡萄糖基-（1→3）］-1S-（1，2，4/3，5）-2，3，4-三羟基-5-羟甲基环己基胺。

制剂类型：3%、5%、10%井冈霉素水剂，2%、3%、5%、12%、15%、20%井冈霉素可溶性粉剂。

理化性质：井冈霉素是吸水链霉菌井冈变种代谢产生的水溶性抗生素（葡萄糖苷类化合物)，由 A 至 G 共 7 个结构相似的组分组成。其中 A 组分活性最高，B 组分次之。纯品为白色粉末，无固定的熔点，130~135℃分解。吸湿性强，易溶于水，难溶于丙酮、乙醇等有机溶剂，但可溶于甲醇、二氧六环等。能使多种微生物分解失效。制剂为棕色透明液体或棕黄色粉末。井冈霉素对人、畜低毒，对蜜蜂等天敌安全。

作用：井冈霉素为内吸性较强且具有治疗作用的抗生素，具有干扰病原菌生长的作用，但无杀菌活性。它能使菌丝顶端产生异常分枝，并进而停止生长。

井冈霉素在我国北方落叶果树上一般配合其他杀菌剂应用。在桃芽咧嘴期喷 5%井冈霉素水剂 500 倍液防治桃缩叶病效果显著。该品对小麦、水稻纹枯病及大姜等蔬菜发生的立枯丝核菌防治效果较好。

使用方法：防治苹果树轮纹病，在发病初期施药，使用 13%井冈霉素水剂 1000~1500 倍液（有效成分 87~130mg/kg）喷雾。

注意事项：

（1）可与除碱性物质以外的多种农药混用。

（2）属抗生素类农药，应存放在阴凉干燥处，并注意防腐、防霉、防热。

（3）粉剂在晴朗天气可早、晚趁露水未干时喷施，夜间喷施效果尤佳，阴雨天可全天喷施，风力大于 3 级时不宜喷粉。

四、中生菌素

商品名称：克菌康，农抗 751。

化学名称：N-糖苷类抗生素。

制剂类型：1%中生菌素水剂，3%中生菌素可湿性粉剂。

理化性质：中生菌素为浅紫灰色链霉菌海南变种产生的抗生素。纯品为白色粉末，易溶于水，微溶于乙醇。在酸性介质中，低温条件下稳定。

作用：中生菌素具有广谱、高效、低毒、无污染等特点。可抑制病原菌蛋白质的合成，使丝状真菌畸形，抑制孢子萌发，并杀死孢子。

中生菌素对农作物的细菌病害及部分真菌病害具有较好的防治效果，同时具有一定的增产效果，使用安全，可在苹果花期使用。对苹果轮纹病、炭疽病、斑点落叶病、霉心病，葡萄炭疽病、黑痘病，桃细菌性穿孔病和疮痂病及大白菜软腐病，小麦赤霉病等皆具有良好的防效。但该品对大豆、茄子、葡萄等作物有药害。

注意事项：

（1）本剂不可与碱性农药混用。

（2）预防和发病初期用药效果显著。施药应做到均匀、周到。如施药后遇雨，应补喷。

（3）贮存在阴凉、避光处。

（4）本品如误入眼睛，立即用清水冲洗 15min，仍有不适应立即就医；如接触皮肤，立即用清水冲洗并换洗衣物；如误服不适，立即送医院对症治疗，无特殊解毒剂。

第二节 有机硫类、磷类杀菌剂

一、有机硫类杀菌剂

（一）代森锌

商品名称：普德金，培金，兰博。

化学名称：亚乙基双二硫代氨基甲酸锌。

制剂类型：65%、80%代森锌可湿性粉剂。

理化性质：纯品为白色结晶。工业品为白色至淡黄色粉末，有臭鸡蛋气味，挥发性小。相对密度约 1.74（20℃）。难溶于水，能溶于二硫化碳和吡啶，不溶于大多数有机溶剂。对光、热、潮湿不稳定，遇碱性物质或铜易分解。本剂低毒，对人的皮肤和黏膜有刺激性，对蜜蜂无毒。

作用：代森锌是一种广谱、保护性杀菌剂。在水中易被氧化成异硫氰化合物，对病原菌体内含有–SH 基的酶有强烈抑制作用，并能直接杀死病原孢子，有效抑制真菌孢子萌发，阻止其入侵寄主植物。但对已进入植物体内的病菌则杀灭效果不佳。因此，应在发病前和发病初期应用，这样才能取得较好的防治效果。代森锌在苹果谢花后至套袋前应用，对苹果斑点落叶病、轮纹烂果病、炭疽病等防治效果显著。对梨黑星病，桃树疮痂病，葡萄霜霉病、炭疽病等也具有较好的预防效果。

使用方法：防治苹果树斑点落叶病、炭疽病，梨树多种病害，在发病初期施药，使用80%代森锌可湿性粉剂 500~700 倍液（有效成分 1 143~1 600mg/kg）喷雾。

注意事项：

（1）本剂不可与碱性农药混用。

（2）建议与其他作用机制不同的杀菌剂轮换使用，以延缓抗性产生。

（二）代森锰锌

商品名称：新万生，大生，喷克，山德生，大丰。

化学名称：乙撑双二硫代氨基甲酸锰和锌离子的配位络合物。

制剂类型：70%、80%代森锰锌可湿性粉剂。

理化性质：原药为灰黄色粉末，熔点 136℃。不溶于水和多数有机溶剂，遇高温、高湿及酸、碱易分解，可与多数常用农药配伍，但有时会破坏某些乳油的乳化性。低毒，对皮肤和黏膜有一定刺激作用，对鱼有毒。

作用：本药剂为广谱、保护性杀菌剂。作用机理是抑制菌体内丙酮酸氧化。苹果谢花后至套袋前应用，对苹果斑点落叶病、轮纹烂果病、炭疽病等防效显著。对梨黑星病，桃树疮痂病，葡萄霜霉病、炭疽病等也具有较好的预防效果。作用效果与代森锌相似。但要注意的一点是，如果本品质量不过关，苹果谢花后至套袋前应用容易导致药害。

使用方法：防治苹果树斑点落叶病，在发病初期施药，使用 80%代森锰锌可湿性粉剂 533. 3~800 倍液（有效成分 1000~1500mg/kg）喷雾。

防治苹果树炭疽病和轮纹病，在发病初期施药，使用 80%代森锰锌可湿性粉剂 600~800 倍液（有效成分 1000~1333. 3mg/kg）喷雾。

防治梨树黑星病，在发病初期施药，使用 80%代森锰锌可湿性粉剂 600~800 倍液（有效成分 1000~1333. 3mg/kg）喷雾。

防治葡萄白腐病、黑痘病和霜霉病，在发病初期施药，使用 80%代森锰锌可湿性粉剂 600~800 倍液（有效成分 1000~1333. 3mg/kg）喷雾。

注意事项：

（1）产品使用安全间隔期为：苹果树、梨树、荔枝树 10 天，每季作物最多使用 3 次。

（2）本品对蜜蜂、家蚕有毒，施药时应注意避免对其造成影响，蜜源作物花期、蚕室和桑园附近禁用。

（3）本品不得与铜制剂或强碱性农药混用。

（三）丙森锌

商品名称：安泰生。

化学名称：丙烯基双二硫代氨基甲酸锌。

制剂类型：70%丙森锌可湿性粉剂。

理化性质：原药为白色或微黄色粉末，160℃以上分解，微溶于水。制剂为米黄色粉末，有特殊气味，悬浮稳定性>75%。湿润时间<120 秒，含水量<2.5%。低毒，对蜜蜂无毒。

作用：丙森锌是一种速效、持效期长、广谱保护性杀菌剂。作用机理为抑制病原菌体内丙酮酸的氧化。该剂对葡萄、蔬菜等的霜霉病、疫病均具有良好的防治作用，对白粉病、葡萄孢属类病害、锈病等有一定的抑制作用，对苹果斑点落叶病、轮纹烂果病、炭疽病等也具有较好的防效。

使用方法：防治苹果树斑点落叶病，在发病初期施药，使用 70%丙森锌可湿性粉剂 600~700 倍液（有效成分 1000~1167mg/kg）喷雾。

防治梨树黑星病，在发病初期施药，使用 70%丙森锌可湿性粉剂 600~700 倍液（有效成分 1000~1167mg/kg）喷雾。

注意事项：

（1）丙森锌是保护性杀菌剂，必须在病害发生前或始发期喷药。

（2）不可与铜制剂或碱性药剂混用。若喷了铜制剂或碱性药剂，需 1 周后再使用安泰生。

（四）福美双

商品名称：秋兰姆，赛欧散，阿锐生。

化学名称：四甲基秋兰姆二硫化物。

制剂类型：50%福美双可湿性粉剂。

理化性质：纯品为无色结晶，无臭味，熔点 155~156℃，相对密度 1.29。不溶于水，易溶于苯、丙酮、氯仿等有机溶剂，微溶于乙醇、乙醚。遇酸分解。工业品为白色或淡黄色粉末。对人的皮肤和黏膜有刺激作用，对鱼有毒，对人、畜低毒。

作用：福美双属广谱、保护性杀菌剂，残效期 7 天左右。与菌体内含有-SH 基的物质如辅酶 A 结合，抑制其活性，从而干扰菌体细胞内正常的氧化还原反应进行。该剂原来的主要作用为处理种子和土壤，及防治禾谷类作物黑穗病和多种作物的苗期立枯病。由于原药价格便宜，加上有一定的防效，后来多用于与多菌灵等农药复配，防治果树上发生的病害。该品常规用量对果树安全，但在葡萄上用药量过多会发生药害，叶缘和易积水部位产生褐色焦枯斑，叶片变脆、发黄。对葡萄白腐菌防效显著，苹果谢花后至套袋前不提倡应用该制剂。

使用方法：防治苹果树炭疽病，在发病初期施药，使用 80%福美双水分散粒剂 1000~1200 倍液（有效成分 667~800mg/kg）喷雾。

注意事项：

（1）不能与铜、汞制剂或碱性农药混用或前后紧连使用。

（2）贮存在阴凉干燥处，以免分解。

（五）福美锌

商品名称：锌来特，什来特。

制剂类型：72%福美锌可湿性粉剂。

化学名称：二甲基二硫代氨基甲酸锌。

理化性质：纯品为白色粉末，熔点为 250℃，无气味。20℃下相对密度为 2.00。能溶于丙酮、二硫化碳、稀碱溶液。常温下在水中的溶解度为 65mg/l。在空气中易潮解。工业品为淡黄色或灰白色粉末，有臭鸡蛋气味，难溶于水，也不溶于大多数有机溶剂，但能溶于吡啶。吸湿性强，在潮湿空气中能吸水而分解失效。在日光下不稳定，受热、遇碱性物质或含铜、汞物质均易分解，放出二硫化碳而减效。本药剂对人、畜低毒，但对人的黏膜有刺激作用；对鱼类毒性大；对植物安全，不易产生药害。

作用：本剂是一种广谱、保护性杀菌剂，对多种真菌引起的病害有抑制和预防作用，兼有刺激生长和促进早熟作用。可防治苹果花腐病、黑星病、白粉病，桃缩叶病、炭疽病、疮痂病，杏菌核病、黑星病，葡萄炭疽病、白腐病。如与福美双混用，防治葡萄病害效果会更好。

使用方法：防治苹果树炭疽病，在发病初期施药，使用 72%福美锌可湿性粉剂 400~600 倍液（有效成分 1200~1800mg/kg）喷雾。

注意事项：

（1）不能与铜、汞制剂或碱性农药混用或前后紧连使用。

（2）在苹果树上的安全间隔期为14天，每季作物最多用药4次。

（3）建议与其他作用机制不同的杀菌剂轮换使用，以延缓抗性产生。

（4）本品对蜜蜂、家蚕有毒，施药期间应避免对周围蜂群的影响。防止药液污染水源地。

二、有机磷类杀菌剂（三乙膦酸铝）

商品名称：乙膦铝，疫霉灵，疫霜灵，疫霉净。

化学名称：三乙基膦酸铝。

制剂类型：40%、80%三乙膦酸铝可湿性粉剂，90%三乙膦酸铝可溶性粉剂。

理化性质：纯品为白色晶体，工业品为白色粉末。熔点>300℃，不易挥发。难溶于一般有机溶剂，能溶于水，20℃时在水中的溶解度为120克/升。原药及加工品在常温下稳定，遇强酸、强碱易分解。无腐蚀性。三乙膦酸铝原粉对人、畜低毒，对眼睛和皮肤无刺激作用，对水生生物、蜜蜂安全。该剂易吸潮结块，但不影响药效。

作用：三乙膦酸铝是一种有机磷类杀菌剂，属高效、低毒、内吸性有机磷杀菌剂，在植物体内具有向上、向下双向传导作用，并兼具保护和治疗作用，持效期长。该剂易产生抗药性，应与其他杀菌剂交替使用。喷药浓度过高时，对黄瓜、白菜有轻微药害。与其他杀菌剂混配时，有沉淀产生。常用来防治果树、蔬菜、花卉等经济作物上由藻菌亚门霜霉属、疫霉属、单轴霉属病菌所致的真菌病害。对苹果斑点落叶病、轮纹烂果病及葡萄霜霉病等防治效果较好。

使用方法：防治葡萄霜霉病，在发病初期施药，使用80%三乙膦酸铝水分散粒剂500~800倍液（有效成分1000~1600mg/kg）喷雾。

注意事项：

（1）勿与酸性、碱性农药混用，以免分解失效。与多菌灵、福美双、灭菌丹、代森锰锌、DT杀菌剂等混配混用，可提高防效，扩大防治范围。

（2）建议与其他作用机制不同的杀菌剂轮换使用，以延缓抗性产生。

（3）本品易吸潮结块，贮运中应注意密封，干燥保存。如遇结块，不影响使用效果。

第三节　取代苯基类杀菌剂

一、甲基硫菌灵

商品名称：甲基托布津，托布津M，纳米欣。

化学名称：1，2-双（3-甲氧羰基-2-硫脲基）苯。

制剂类型：50%、70%甲基硫菌灵可湿性粉剂，10%、36%、50%甲基硫菌灵悬浮剂。

理化性质：纯品为无色结晶。难溶于水，对酸、碱稳定。工业品为微黄色结晶。本剂低毒，动物试验未见致癌、致畸、致突变作用。对鸟和蜜蜂低毒。

作用：甲基硫菌灵是广谱、高效、低毒内吸性杀菌剂，具有预防和治疗作用，在植物体内能转化为多菌灵，干扰病菌细胞有丝分裂过程中纺锤体的形成，从而影响细胞分裂。内吸性较多菌灵强，随树液流动向顶端传导。因本剂在植物体内能转化为多菌灵，也将其归为苯并咪唑类杀菌剂，但其化学结构与苯并咪唑类相距甚远，所以应属取代苯类杀菌剂。甲基硫菌灵主要用来防治果实病害，如苹果轮纹烂果病、炭疽病等。苹果谢花后至套袋前是主要应用时间。

使用方法：防治苹果轮纹病，在发病初期施药，使用70%甲基硫菌灵可湿性粉剂800~1000倍液（有效成分700~875mg/kg）喷雾。

防治苹果白粉病和黑星病，在发病初期施药，使用36%甲基硫菌灵悬浮剂800~1200倍液（有效成分300~450mg/kg）喷雾。

防治梨树白粉病，在发病初期施药，使用36%甲基硫菌灵悬浮剂800~1200倍液（有效成分300~450mg/kg）喷雾。

防治梨树黑星病，在发病初期施药，使用70%甲基硫菌灵可湿性粉剂1550~1950倍液（有效成分360~450mg/kg）喷雾。

注意事项：

（1）安全间隔期为20天；每季作物最多使用2次。

（2）可与不同作用机制杀菌剂农药混合使用，但不能与铜制剂混用。

（3）对鱼类等水生生物有毒，远离水产养殖区施药，禁止在河塘等水体中清洗施药器具，废弃物要妥善处理。

二、甲霜灵

商品名称：瑞毒霉，雷多米尔，甲霜安，韩乐农，灭霜灵。

化学名称：D，L-N-（2，6-二甲基苯基）-N-（2′-甲氧基乙酰）丙氨酸甲酯。

制剂类型：25%甲霜灵可湿性粉剂，35%甲霜灵粉剂，5%甲霜灵颗粒剂。

理化性质：纯品外观为白色结晶体，熔点71.8~72.3℃，20℃下相对密度1.21。微溶于水，能溶于多种有机溶剂，在酸性及中性介质中较稳定。原粉含有效成分90%，外观为黄色至褐色粉末，无味，不易燃、不易爆，无腐蚀性。本药低毒，对家兔皮肤和眼睛有轻度刺激作用，对鱼、鸟、蜜蜂低毒。本品多用于与代森锰锌等农药复配。

作用：甲霜灵是一种内吸性杀菌剂，具有保护和治疗作用，可被植物根、茎、叶吸收，并随植物体内水分运转到各器官。药剂在菌丝体内主要是抑制蛋白质的合成，使菌体缺乏营养而死亡。本剂对霜霉菌、疫霉菌、腐霉菌及指梗霉菌等所致病害有特效，但极易产生抗药性。防治葡萄霜霉病效果卓越。

使用方法：防治葡萄霜霉病，在发病初期施药，使用25%甲霜灵可湿性粉剂1550~1950倍液（有效成分360~450mg/kg）喷雾。

注意事项：

（1）远离食物与饲料。

（2）可与不同作用机制杀菌剂农药混合使用，但不能与铜制剂混用。

三、乙霉威

商品名称：万霉灵。

化学名称：3，4-二乙氧苯基氨基甲酸异丙酯。

制剂类型：本品在我国无制剂生产，有90%乙霉威原药，多与多菌灵复配。

理化性质：纯品为白色结晶，熔点101.3℃。原药为浅褐色固体，20℃时在水中的溶解度为26.6mg/kg。对人、畜低毒。本剂多与多菌灵、甲基硫菌灵等复配。

作用：本剂与多菌灵等复配，主要利用该剂与多菌灵具有负交互抗性作用的功能，有效杀灭对多菌灵产生抗性的病菌。在苹果上应用，对苹果轮纹烂果病、炭疽病防治效果显著。

使用方法：防治苹果轮纹病，在发病初期施药，使用乙霉威1550~1950倍液（有效成分360~450mg/kg）喷雾。

注意事项：

（1）远离水产养殖区施药，禁止在河塘等水体中清洗施药器具，避免污染水源。赤眼蜂等天地昆虫放飞区禁用。

（2）可与不同作用机制杀菌剂农药混合使用，但不能与铜制剂混用。

第四节　其他有机杀菌剂

一、有机杂环类杀菌剂

（一）苯并咪唑类杀菌剂

1. 多菌灵

商品名称：苯并咪唑 44 号，MBC，棉萎灵，棉萎丹。

化学名称：N-（2-苯并咪唑基）-氨基甲酸酯。

制剂类型：25%、50%、80%多菌灵可湿性粉剂，40%多菌灵胶悬剂。

理化性质：纯品为白色粉末，熔点 307~312℃，相对密度 1.45。

作用：多菌灵属有机杂环类杀菌剂中的苯并咪唑类杀菌剂，低毒、广谱，具有较好的内吸性，兼具保护和治疗作用。对多种子囊菌、半知菌所致病害有效，但对卵菌和细菌所致病害无效。作用机理是干扰病菌菌丝体有丝分裂中的纺锤体形成，从而影响细胞分裂。多菌灵在果树上应用比较普遍，是一种常规的杀菌剂。适于在苹果、梨、葡萄等果树上应用，对轮纹烂果病、炭疽病等多种病害防治效果显著。

使用方法：防治苹果树轮纹病，在发病初期施药，使用 40%多菌灵悬浮剂 400~600 倍液（有效成分 666.7~1000mg/kg）喷雾。

防治梨树黑星病，在发病初期施药，使用 40%多菌灵悬浮剂 400~600 倍液（有效成分 666.7~1000mg/kg）喷雾。

注意事项：

（1）每季作物最多使用 2 次，安全间隔期为 30 天。

（2）建议与其他作用机制不同的杀菌剂轮换使用，以延缓抗性产生。

（3）不能与碱性农药混用。

2. 苯菌灵

商品名称：苯来特。

化学名称：1-（丁氨基甲酰）-苯并咪唑-2-氨基甲酸酯。

制剂类型：50%苯菌灵可湿性粉剂。

理化性质：纯品为白色晶体，分解点 290℃，微有刺激性臭味，不溶于水，微溶于乙醇，可溶于丙酮、氯仿等。在干燥状态下稳定，在水溶液中可转化为多菌灵。对人、畜低毒，对皮肤有轻微刺激作用。对鱼低毒，对作物安全。

作用：苯菌灵属苯并咪唑类高效内吸性杀菌剂，主要是通过抑制病菌细胞有丝分裂过程中纺锤体的形成，从而导致病菌死亡。苯菌灵在植物体内代谢产生多菌灵及具有挥发性的异氰酸丁酯。杀菌作用方式及防治病害种类与多菌灵相同，但药效比多菌灵要好。这是因为代谢产生的异氰酸丁酯与叶片或果实表皮的角质层和蜡质层结合，提高了杀菌效果。

使用方法：防治梨树黑星病，在发病初期施药，使用 50%苯菌灵可湿性粉剂 750～1000 倍液（有效成分 500～667mg/kg）喷雾。

注意事项：

（1）每季作物最多使用 2 次，安全间隔期为 14 天。

（2）建议与其他作用机制不同的杀菌剂轮换使用，以延缓抗性产生。

（3）不能与碱性农药混用。

（二）二甲酰亚胺类杀菌剂（异菌脲）

商品名称：扑海因。

化学名称：3-（3，5-二氯苯基）-N-异丙基-2，4-二氧代咪唑啉-1-羧酰胺。

制剂类型：50%异菌脲可湿性粉剂，25%异菌脲悬浮剂。

理化性质：纯品为无色晶体，熔点 136℃。20℃时在水中的溶解度为 13mg/l。易溶于丙酮、苯甲醚。不易燃，一般条件下贮存稳定，碱性条件下不稳定。对鱼和蜜蜂低毒，对眼睛、皮肤无刺激。

作用：异菌脲属二甲酰亚胺类广谱、保护性杀菌剂，主要抑制病菌孢子萌发和菌丝生长，对病菌孢子、菌丝体、菌核皆具有显著作用。可防治灰葡萄孢属、丛梗孢属、核盘属、小菌核菌属、链格孢属等真菌引起的病害。在果树上应用，主要是防治苹果斑点落叶病、轮纹烂果病，葡萄及草莓灰霉病等。

使用方法：防治苹果斑点落叶病，在发病初期施药，使用 50%异菌脲可湿性粉剂1000～2000倍液（有效成分 250～500mg/kg）喷雾。

防治葡萄灰霉病，在发病初期施药，使用 50%异菌脲可湿性粉剂 750～1000 倍液（有效成分 500～667mg/kg）喷雾。

注意事项：

（1）在葡萄树上的安全间隔期为 14 天，每季作物最多使用 3 次；在苹果树上的安全间隔期为 7 天，每季作物最多使用 3 次。

（2）防治苹果斑点落叶病应以 5—6 月份为重点防治时期，7—8 月份为补充防治时期。

（3）不能与碱性农药混用。

（三）胺类杀菌剂（嘧霉胺）

商品名称：施佳乐。

化学名称：N-（4，6-二甲基嘧啶-2-基）苯胺。

制剂类型：40%嘧霉胺悬浮剂。

理化性质：原药为白色结晶粉末，几乎无味，微溶于水，易溶于有机溶剂，不易分解，不易燃，不易爆，性质稳定。通过抑制病菌侵染酶的产生，阻止病菌侵染，从而杀灭病菌。本剂具有内吸传导及熏蒸作用，药效速度快，高温、低温条件下使用效果比较显著。除对作物上产生抗性的灰霉病特效之外，对苹果斑点落叶病、梨黑星病也具有良好的防治效果。

使用方法：防治葡萄灰霉病，在发病初期施药，使用40%嘧霉胺悬浮剂1000～1500倍液（有效成分266.7～400mg/kg）喷雾。

注意事项：

（1）在葡萄上的安全间隔期为14天，每季作物最多使用3次。

（2）贮存时不得与食物、种子、饮料等混放。

（四）氨基甲酸酯类杀菌剂（普力克）

商品名称：普力克。

化学名称：3-（二甲基氨基）丙基氨基甲酸丙酯。

制剂类型：35%、36%、40%、66.5%、66.6%、72.2%霜霉威盐酸盐水剂。

理化性质：纯品为白色结晶，易吸潮，有淡芳香味。熔点45～55℃，易溶于水和有机溶剂。常用其盐酸盐，在酸性介质中稳定。原药为无色、无味水溶液。低毒，对家兔眼睛及皮肤无刺激作用，对鱼和鸟类低毒。

作用：霜霉威具有内吸传导作用，通过抑制磷脂和脂肪酸的生物合成，抑制菌丝生长及孢子囊形成及孢子萌发。主要防治霜霉、疫霉、腐霉、盘梗霉、丝囊霉等病菌引起的植物病害，并对作物生长有一定刺激作用。对葡萄、蔬菜霜霉病防效显著。

使用方法：防治葡萄霜霉病，在发病初期施药，使用40%霜霉威盐酸盐水剂1000～1500倍液（有效成分266.7～400mg/kg）喷雾。

注意事项：

（1）不可与呈碱性的农药等物质混合使用。

（2）长时间单一用药容易使病菌产生抗药性，应与其他类型的杀菌剂轮换使用。

（五）咪唑类杀菌剂

商品名称：施保克，扑霉灵。

化学名称：N-丙基-N-［2-（2，4，6-三氯苯氧基）乙基］-1H-咪唑-1-甲酰胺。

制剂类型：25%施保克乳油，45%施保克水乳剂，45%扑霉灵乳油。

理化性质：纯品为白色结晶，沸点 208～210℃（在 26.66 帕压力下轻度分解），易溶于乙醇、二甲苯、丙酮等有机溶剂。微溶于水，25℃时在水中的溶解度为 34mg/l。

作用：本剂为有机杂环类杀菌剂中的咪唑类杀菌剂，杀菌谱广。通过抑制病菌管醇的生物合成而达到杀菌效果。该剂无内吸性，但具一定的传导性能，对葡萄炭疽病防治效果显著。

使用方法：防治苹果炭疽病，在发病初期施药，使用 25%咪鲜胺悬浮剂 750～1000 倍液（有效成分 250～333.3mg/kg）喷雾。

防治葡萄黑痘病，在发病初期施药，使用 25%咪鲜胺悬浮剂 750～1000 倍液（有效成分 250～333.3mg/kg）喷雾。

防治葡萄炭疽病，在发病初期施药，使用 30%咪鲜胺微囊悬浮剂 1250～2000 倍液（有效成分 150～240mg/kg）喷雾。

注意事项：

（1）不可与呈碱性的农药等物质混合使用。

（2）长时间单一用药容易使病菌产生抗药性，应与其他类型的杀菌剂轮换使用。

（3）每季作物最多使用 1 次。

（六）其他杂环类

商品名称：安克。

化学名称：4-［3-（4-氯苯基）-3-（3，4-二甲氧基苯基）丙烯酰］吗啉。

制剂类型：50%烯酰吗啉可湿性粉剂，80%烯酰吗啉水分散颗粒剂，40%烯酰吗啉悬浮剂。

理化性质：烯酰吗啉纯品为无色晶体，原药为米黄色结晶粉。对皮肤没有刺激性，对蜜蜂和鸟低毒。但对家兔眼睛有轻微刺激，对鱼具有中等毒性。

作用：烯酰吗啉属有机杂环吗啉类杀菌剂，内吸性强，叶面喷施可渗透到叶肉组织。在根部施药，可通过根部进入植株的各部位。对藻菌中的霜霉菌、疫霉菌所致病害有独特的作用，可引起病菌孢子囊壁分解，从而杀死病菌。在孢子囊梗及卵孢子形成之前用药，可完全抑制孢子产生。烯酰吗啉多用于与代森锰锌复配，防治葡萄等霜霉病。

使用方法：防治葡萄霜霉病，在发病初期施药，使用80%烯酰吗啉水分散粒剂3200~4800倍液（有效成分167~250mg/kg）喷雾。

注意事项：

（1）喷药时待药液充分溶解后均匀喷于作物叶片，幼苗期用药或预防性用药应使用较低剂量，成株期发病时宜使用较高剂量。

（2）长时间单一用药容易使病菌产生抗药性，应与其他类型的杀菌剂轮换使用。

（3）施药期间应避免对周围蜂群造成影响，蜜源作物花期、蚕室和桑园附近禁用，远离水产养殖区。

二、甲氧基丙烯酸酯类杀菌剂

（一）嘧菌酯

商品名称：阿米西达。

化学名称：P-甲氧基丙烯酸酯。

制剂类型：25%嘧菌酯悬浮剂，20%嘧菌酯水分散粒剂，250g/l嘧菌酯悬浮剂。

理化性质：嘧菌酯是一种全新的P-甲氧基丙烯酸酯类杀菌剂。纯品为白色固体，制剂为白色不透明黏稠液体。与三唑类、二甲酰亚胺类、苯并咪唑类等杀菌剂无交互抗性。

作用：本剂是一种新型高效广谱低毒内吸性杀菌剂，主要通过抑制病菌线粒体呼吸而杀死病菌。对白粉病、锈病、霜霉病、颖枯病、网斑病等所致病害均具有非常好的防治效果，与其他类型的杀菌剂没有交互抗性。在植物体内、土壤和水中降解很快，并且具有保护、治疗、铲除及渗透作用，是一种极具潜力和市场活力的新型农用杀菌剂。对顽固性病害，如冬枣锈病防治效果显著。

使用方法：防治葡萄黑痘病，在发病初期施药，使用25%醚菌酯悬浮剂833.3~1250倍液（有效成分200~300mg/kg）喷雾。

注意事项：

（1）长时间单一用药容易使病菌产生抗药性，应与其他类型的杀菌剂轮换使用。

（2）施药期间应避免对周围蜂群造成影响，蜜源作物花期、蚕室和桑园附近禁用，远离水产养殖区。

（二）吡唑醚菌酯

商品名称：百克敏，唑菌胺酯。

化学名称：N-［2-［［1-（4-氯苯基）吡唑-3-基］氧甲基］苯基］-N-甲氧基氨基甲酸甲酯。

制剂类型：30%吡唑醚菌酯水乳剂，30%吡唑醚菌酯水分散粒剂，30%吡唑醚菌酯悬浮剂。

理化性质：白色至浅米色无味结晶体。熔点 63.7～65.2℃，蒸气压 2.6×10－8 帕（20%～25%）。水中溶解度为2.4mg/l（20%去离子水），也有报道为1.9mg/l（20℃）。在纯净水（灭菌水）中半衰期为59小时，在自然水（非灭菌水）（25℃）中半衰期为56小时，在大田土壤中半衰期为2～37天。

作用：吡唑醚菌酯是一种线粒体呼吸抑制剂，通过阻止细胞色素 b 和 c 间电子传递而抑制线粒体的呼吸作用，使线粒体不能产生和提供细胞正常代谢所需要的能量（ATP），最终导致细胞死亡。吡唑醚菌酯具有较强的抑制病菌孢子萌发能力，对叶片内菌丝生长有很好的抑制作用。其持效期较长，并且具有潜在的治疗活性。该化合物在叶片内向叶尖或叶基传导及熏蒸作用较弱，但在植物体内的传导活性较强。吡唑醚菌酯具有保护作用、治疗作用、内吸传导性和耐雨水冲刷性能，应用范围较广。

使用方法：防治苹果树褐斑病，在发病初期施药，使用30%吡唑醚菌酯悬浮剂5 000～6 000倍液（有效成分50～60mg/kg）喷雾。

注意事项：

（1）长时间单一用药容易使病菌产生抗药性，应与其他类型的杀菌剂轮换使用。

（2）施药期间应避免对周围蜂群造成影响，蜜源作物花期、蚕室和桑园附近禁用，远离水产养殖区。

三、其他有机杀菌剂

（一）菌毒清

商品名称：利刃。

化学名称：二辛基（氨乙基）甘氨酸盐。

制剂类型：5%、6.5%菌毒清水剂，20%菌毒清可湿性粉剂。

理化性质：纯品为淡黄色针状结晶，易溶于水，但不水解。在水中性质稳定，在碱性介质中易分解，但在酸性和中性介质中较稳定。低毒，对人、畜类安全。

作用：菌毒清为甘氨酸类杀菌剂，可内吸渗透杀灭病菌。作用机理：一是抑制病菌孢子萌发和菌丝生长。二是破坏病菌细胞膜，抑制呼吸，使组成病菌的蛋白质凝固变性，由此杀灭病菌。

在果树上，主要用来防治苹果树腐烂病、枝干轮纹病。20 世纪 90 年代该品种应用较为普遍，但抗药性产生快，所以现在果树上应用较少。

使用方法：防治苹果树腐烂病，在发病初期施药，使用 5%菌毒清水剂 1000~2000 倍液（有效成分 25~50mg/kg）喷雾。

注意事项：

（1）长时间单一用药容易使病菌产生抗药性，应与其他类型的杀菌剂轮换使用。

（2）施药期间应避免对周围蜂群造成影响，蜜源作物花期、蚕室和桑园附近禁用，远离水产养殖区。

（二）溴菌腈

商品名称：炭特灵。

化学名称：2-溴-2-（溴甲基）戊二腈。

制剂类型：25%溴菌腈可湿性粉剂，25%溴菌腈乳油。

理化性质：纯品为白色结晶，外观为白色或浅黄色固体结晶。难溶于水，易溶于醇、苯类有机溶剂：对光、热、水稳定。毒性低，对皮肤无刺激性，但对家兔眼睛有轻度刺激。

作用：溴菌腈是一种广谱杀菌、杀藻、防霉、防腐剂，不但能抑制病菌生长繁殖，而且可直接杀死细菌、真菌等。对苹果炭疽病、轮纹烂果病等防效较好。

使用方法：防治苹果树炭疽病，在发病初期施药，使用 25%溴菌腈可湿性粉剂 1200~2000 倍液（有效成分 125~208. 3mg/kg）喷雾。

注意事项：

（1）该药不能与铜、汞制剂或碱性药剂等物质混用或前后紧接使用。

（2）施药期间应避免对周围蜂群造成影响，蜜源作物花期、蚕室和桑园附近禁用，远离水产养殖区。

第五节　无机杀菌剂

一、无机硫杀菌剂

（一）硫黄

商品名称：硫黄、硫黄粉、硫黄悬浮剂。

化学名称：硫。

制剂类型：91%硫黄粉剂，45%、50%硫黄悬浮剂，80%硫黄干悬浮剂，10%硫黄油膏剂。

理化性质：硫黄为黄色固体或粉末，属于单质，有一定的气味，有挥发性，不容易被水湿润，溶于苯、四氯化碳等有机溶剂。硫黄燃烧火焰呈青色，产生有臭味的刺激性气体二氧化硫。硫黄对人、畜低毒，但对眼睛和皮肤有刺激作用，对蜜蜂几乎无毒。

作用：本剂为保护性杀菌剂。作物生长期不宜使用硫黄，否则易产生药害。硫黄杀菌机理主要是作用于氧化还原过程中细胞色素 b 和细胞色素 c 之间电子传递过程，干扰病菌细胞正常的氧化还原反应。

使用方法：在苹果树发芽前喷洒 45%硫黄悬浮剂 200 倍液，落花后喷 300~400 倍液，可防治苹果白粉病，同时兼治山楂叶螨，还可防治葡萄白粉病和毛毡病。

在桃树落花后喷 45%硫黄悬浮剂 300~400 倍液，可防治桃褐腐病，同时兼治桃炭疽病、缩叶病和畸果病。气温高于 32℃时易发生药害，应禁止使用。桃、李、梨、葡萄等对硫黄敏感，生长期不宜使用或适当降低浓度再用。

注意事项：

（1）长时间单一用药容易使病菌产生抗药性，应与其他类型的杀菌剂轮换使用。

（2）施药期间应避免对周围蜂群造成影响，蜜源作物花期、蚕室和桑园附近禁用，远离水产养殖区。

（二）石硫合剂

商品名称：石硫合剂固体、结晶石硫合剂、石硫合剂水剂。

化学名称：多硫化钙。

制剂类型：45%石硫合剂固体、45%石硫合剂结晶粉、29%石硫合剂水剂。

理化性质：石硫合剂由硫黄、生石灰和水熬制而成，这里介绍的主要是人工熬制的石硫合剂，三者最佳配比是：生石灰：硫黄：水=1：（1.4~1.5）：13。石硫合剂母液为棕褐色溶液，具有较浓的臭鸡蛋气味，显碱性，遇酸易分解，主要成分为多硫化钙。石硫合剂的质量指标是溶液中多硫化钙含量的高低，以波美度表示其浓度。本剂低毒，但对皮肤有强烈腐蚀性，对眼睛、鼻黏膜有刺激作用。

作用：石硫合剂喷洒到作物上以后，在氧气、二氧化碳和水等的作用下，发生一系列化学变化，生成硫酸钙和游离的硫黄，并放出少量硫化氢气体，破坏病菌的氧化还原过程，达到杀菌作用。同时利用该剂的强碱性，侵蚀并破坏害虫表皮的蜡质层，从而达到杀虫杀螨及杀卵效果。

使用方法：在果树上，石硫合剂主要是在休眠期应用在大樱桃、桃等核果类果树和葡萄上，主要防治休眠期越冬病害。同时，该剂对越冬的螨类、蚧壳虫等也具有较好的防治效果。在苹果上，石硫合剂主要是防治白粉病、锈病、花腐病等，但对轮纹病、腐烂病等防治效果不理想。果树休眠期，石硫合剂一般应用 3～5 波美度，生长期应用 0.1～0.3 波美度。

注意事项：

（1）要随配随用，配置石硫合剂的水温应低于 30℃，水温过高会降低效力。气温高于 38℃或低于 4℃均不能使用。气温高，药效好。气温达到 32℃以上时慎用，稀释倍数应加大至 1 000 倍以上。安全使用间隔期为 7 天。

（2）忌与波尔多液、铜制剂、机械乳油剂、松脂合剂及在碱性条件下易分解的农药混用。与波尔多液前后间隔使用时，必须有充足的间隔期。先喷石硫合剂时，间隔 10～15 天后才能喷波尔多液；先喷波尔多液时，则要间隔 20 天后才可喷用石硫合剂。

（3）忌盲目施用，对石硫合剂敏感的作物容易引起药害，应先试验或由当地农业技术部门指导使用。桃、李、梅、梨等蔷薇科植物和紫荆、合欢等豆科植物对石硫合剂敏感，在生长季、开花时应慎用。可降低浓度或在休眠期用药以免产生药害。例如李树喷施石硫合剂会抑制花芽分化，造成下年减产。

（4）石硫合剂的使用浓度由气候条件及防治时期确定。冬季气温低，植株处于休眠状态，使用浓度宜高；夏季气温高，植株处于旺盛生长时期，使用浓度宜低，浓度过大或温度过高易产生药害。树木、花卉休眠期（早春或冬季）喷施浓度宜高，生长季节喷施浓度宜低。一般情况下，石硫合剂的使用浓度，落叶果树休眠期为 3～5 波美度，旺盛生长期以 0.1～0.2 波美度为宜。

二、无机铜杀菌剂

（一）波尔多液

化学名称：碱式硫酸铜。

制剂类型：不同含量的碱式硫酸铜悬浮液。

性质和作用：波尔多液是用硫酸铜和石灰乳配制而成的天蓝色药液。配制好的药液放置时间过久，悬浮的碱式硫酸铜小颗粒易沉淀、结晶，药液性质会发生变化，在植物体表的黏着力降低，从而影响药效。本剂对人、畜基本无毒，但大量口服可引起胃肠炎而致人死亡。不同种类植物对波尔多液的反应不一样，使用时要注意作物的敏感性和药害。对石灰敏感的作物有葡萄、瓜类、阳桃、番木瓜、香蕉及马铃薯、番茄、辣椒等，这些作物使用波尔多液后，在高温干燥条件下易发生药害，因此要用石灰少量式或半量式波尔多液。对铜敏感的作物有桃、李、苹果、梨、柿子及白菜、大豆、小麦、茼蒿等，在潮湿多雨条件下，因铜的离解度增大，铜离子对叶、果表皮的渗透力增加，从而出现药害。波尔多液是一种广谱性、保护性杀菌剂，喷到作物表面以后，能黏附在植物体表，形成一层保护膜，不易被雨水冲刷掉，其有效成分碱式硫酸铜逐渐释放出铜离子杀菌，起到防治病害的作用。

使用方法：

（1）防治苹果病害：在果树生长期，于病菌侵入之前，喷洒 1：（2~3）：（200~300）波尔多液，可防治苹果轮纹病、炭疽病、褐斑病、斑点落叶病、褐腐病、疫腐病、锈病、花腐病等常见真菌病害。本药剂在多雨季节使用，持效期为 10~14 天，雨少时为 20 天左右，是一种持效期较长的保护性杀菌剂。多在生长中后期与有机杀菌剂交替使用。用 1：3：15 倍波尔多浆涂抹刮治后的病部，可防治苹果赤衣病和苹果枝溃疡病。

（2）防治梨树病害：在梨果生产中后期用 1：2.5：（200~240）倍波尔多液与有机杀菌剂交替使用，可防治黑星病、果实轮纹病、黑斑病、锈病、褐斑病。喷药次数视侵染期和降雨情况，多为 15 天左右喷洒一次。

（3）防治葡萄病害：在葡萄展叶后至着色前喷洒，可防治葡萄黑痘病、穗轴褐枯病、灰霉病。在葡萄开始着色或初发病时喷洒，可防治霜霉病、炭疽病、白腐病、褐斑病。常用浓度为 1：（0.5~0.7）：200 倍液，喷洒次数根据病菌侵染期和发病期长短及降雨情况而定，一般 15 天左右喷洒一次。

（4）防治桃树病害：桃树发芽前喷洒 1：1.5：120 倍波尔多液，可防治炭疽病、细菌性穿孔病。桃树花芽露红时喷洒 1：1：150 倍波尔多液，可铲除桃缩叶病初侵染来源。

（5）防治李树病害：李树发芽前至花蕾露红期喷洒 1：1：100 倍波尔多液，可防治李袋果病、细菌性穿孔病。李树展叶时喷洒 1：2：300 倍波尔多液，可防治李红点病。

（6）防治杏树病害：展叶期喷洒 1：2：300 倍波尔多液，可防治杏疔病。发芽前喷洒 1：1：100 倍波尔多液，可防治杏穿孔病。花芽开绽期喷洒 1：2：200 倍波尔多液，防治叶肿病，压低侵染来源。

（7）防治樱桃病害：开花前喷一次 1：3：300 倍波尔多液，可防治幼果菌核病。

（8）防治柿树病害：柿树落花后喷 1：5：（400~600）倍波尔多液，可防治圆斑病，重病树 15 天后再喷一次。6—8 月喷 1~2 次 1：5：（400~600）倍波尔多液，可防治柿角斑病。6 月中旬至 7 月上旬喷 2 次 1：5：400 倍液，可防治炭疽病，发病重的 8—9 月再喷 1~2 次 1：3：30 倍液，间隔 10~15 天。

（9）防治板栗病害：4—5 月喷 1：0.5：101 倍波尔多液，可防治板栗芽枯病。防治锈病，于发病前喷 1：1：160 倍液。防治栗干枯病，在刮除枝干上病斑后，用 1：1：10 倍波尔多液涂病疤，进行消毒保护。

（10）防治核桃病害：核桃展叶期、落花后、幼果期各喷一次 1：（0.5~1）：200 倍波尔多液，可防治核桃黑斑病。防治炭疽病，可于发芽前和生长季降雨前喷药。

（11）防治枣树病害：7 月上旬和 8 月中上旬各喷一次 1：2：300 倍波尔多液，可防治枣锈病。

注意事项：

（1）山楂、桃、李、杏等果树对铜敏感，生长期不能使用。

（2）苹果树、梨树对铜敏感，使用时需注意硫酸铜和生石灰的用量比例，一般用倍量式或多量式石灰。

（3）葡萄对生石灰敏感，使用时一般用石灰半量式或少量式；柿树生长期多用石灰多量式，一般为 1：5：（300~600）倍液。

（4）苹果、梨等幼果期对铜敏感，一般在生理落果后的生长中后期使用。苹果、梨等树种的一些品种，如金冠苹果、鸭梨、白梨易发生药害，使用时应适当降低用药浓度。

（5）阴雨天、雾天或露水未干时喷洒波尔多液，可增大药液中铜离子的释放速度及对叶、果部位的渗透性，易发生药害。盛夏气温过高时，喷该药易破坏树体水分平衡，灼伤叶片和果实。这些气候条件都不宜喷洒波尔多液，花期也不宜喷洒。

（6）波尔多液对喷雾机具有腐蚀作用，喷完药后器具需用清水里外冲洗干净。

（7）波尔多液为碱性，不能与酸性农药混用，也不能与石硫合剂混用；与石硫合剂交替使用时要注意间隔天数。

（8）喷用时，需遵守一般农药安全使用规则，戴防护用具，不吸烟，不吃食物，喷完用肥皂水洗手、洗脸。

（9）剩余药液不能倾倒到水塘、河流中，以防杀伤水中生物。

（10）配制波尔多液时，一定注意将稀硫酸铜溶液往浓石灰乳中倒，边倒边搅拌，或同时倒入第三个容器中，这样配出的药液才呈天蓝色，不易沉淀。所用的生石灰要选用白色块灰。配出的波尔多液应经两层纱布过滤后再用，以防堵喷头孔。

（二）碱式硫酸铜

商品名称：碱式硫酸铜、绿得虫、高铜。

化学名称：碱式硫酸铜。

制剂类型：80%碱式硫酸铜可湿性粉剂，30%、35%碱式硫酸铜悬浮剂，80%高铜可湿性粉剂。

性质和作用：碱式硫酸铜为蓝色、黏稠状、流动性悬浮剂，或是浅绿色可湿性粉末，粒度细，分散性好，耐雨水冲刷，悬浮剂中还加有黏着剂，因此能牢固地黏附在植物表面，形成一层保护膜。本剂中的有效成分在植物表面经水酸化，逐渐释放出铜离子，抑制真菌孢子萌发和菌丝发育。药剂低毒，80%可湿性粉剂大鼠急性经口 LD50 为 794～1 470mg/kg，经皮 LD50≥35 000mg/kg。

使用方法：在病菌侵染期或开始发病前喷洒 30%、35%碱式硫酸铜 350～500 倍液，或 80%高铜 600～800 倍液，可防治葡萄黑痘病、霜霉病、褐斑病、炭疽病，苹果及梨轮纹病、炭疽病、褐斑病，梨黑星病等。根据降雨情况 7～12 天喷洒一次。

注意事项：

（1）贮存时间较长会出现分层现象，用药前摇匀不影响使用。

（2）阴湿或露水未干时不要用药，以防发生药害。

（3）不能与石硫合剂混用。

（4）本剂对蚕有毒，蚕室及桑园附近禁用。

（三）氧化亚铜

商品名称：氧化亚铜、靠山、铜大师。

化学名称：氧化亚铜。

制剂类型：56%靠山水分散粒剂，86.2%铜大师可湿性粉剂。

性质和作用：原药为黄色至红色粉末，不溶于水和有机溶剂，溶于稀盐酸、硫酸、硝酸和氨水，原药含有效成分 88.89%，常温下性质稳定。低毒，大鼠急性经口 LD50>1 400mg/kg，急性经皮 LD50>4000mg/kg，对家兔眼睛有轻微刺激，对鱼低毒。该剂为保护性广谱杀菌剂，靠铜离子杀菌，铜离子与真菌或细菌体内蛋白质中的巯基（-SH）、氨基（$-NH^2$）、羧基（-COOH）、羟基（-OH）等基团作用，使病菌死亡。工业品 56%靠山水分散粒剂呈红褐色，微型颗粒，粒度为 0.1～1 μm，有效成分的粒度不超过 5 μm，大鼠急性经口 LD50 为 1360～1470mg/kg，急性经皮 LD50>2000mg/kg。

使用方法：

（1）在病菌侵染期和发病初期喷洒 56%靠山水分散粒剂 600～800 倍液，或 86.2%铜大师可湿性粉剂 800～1200 倍液，可防治葡萄黑痘病、霜霉病、炭疽病、褐斑病等，10 天左右喷洒一次。

（2）在苹果、梨果实生长中后期喷洒 56%靠山水分散粒剂 800 倍液，10 天左右喷洒一次，可防治果实轮纹病、炭疽病、褐斑病等。

注意事项：

（1）该药应存放在通风干燥处。

（2）对铜敏感作物慎用，不能与怕铜农药混用。

（3）高温或潮湿气候条件下慎用。

（4）药液如接触皮肤或溅到眼中，用大量清水清洗。如误服，服用二巯基丙醇解毒。

（四）氢氧化铜

商品名称：氢氧化铜，可杀得。

化学名称：氢氧化铜。

制剂类型：77%可杀得可湿性粉剂。

性质和作用：原药外观为蓝色粉末，含氢氧化铜 88%，大白鼠急性经口 LD50>1000mg/kg，家兔急性经皮 LD50>3160mg/kg，对家兔眼睛有较强刺激作用。商品 77%可杀得可湿性粉剂由有效成分氢氧化铜助剂和载体组成，为蓝色粉末，颗粒粒径 1.8 μm，pH 值为 8~9，药剂释放出的铜离子与真菌或细菌体内蛋白质中的巯基（-SH）、氨基（-NH^2）、竣基（-COOH）、羟基（-OH）等基团起作用，导致病菌死亡。

使用方法：

第一，防治葡萄病害：于初发病时喷洒 77%可杀得可湿性粉剂 400~500 倍液，间隔 10~14 天喷一次，可防治霜霉病、黑痘病、炭疽病、褐斑病等。

第二，防治苹果、梨病害：在果实生长中后期喷洒 77%可杀得可湿性粉剂 600~700 倍液，10 天左右喷一次，可防治果实轮纹病、梨黑星病和黑斑病。

第三，防治果树烂根病，用 77%可杀得可湿性粉剂 400~600 倍液灌根。

注意事项：

（1）在苹果、梨上应用，果面易出现药害，应在果实生长中后期天气比较干燥的情况下应用，同时注意用药浓度不能加大。

（2）如与其他药剂混用，应先将可杀得溶于水中搅匀，再加入其他药剂。

（3）按农药安全用药规则使用。如药液溅入眼睛中，应用清水冲洗。如误服，应大量服用牛奶或清水。

（4）不能与碱性农药和怕铜农药混用。

（5）本品对鱼类及水生生物有毒，应避免药液污染水体。

参考文献

[1] 肖顺，张绍升．作物小诊所南方果树病虫害速诊快治［M］．福州：福建科学技术出版社，2021.

[2] 王本辉，杜倩倩．果树病虫害诊断与绿色防控技术口诀［M］．北京：化学工业出版社，2021.

[3] 王焱．经济果林病虫害防治手册［M］．上海：上海科学技术出版社，2021.

[4] 刘振廷．梨密植栽培模式及配套技术［M］．北京：中国林业出版社，2021.

[5] 肖远辉，莫健生，张社南．柑橘提质增效生产丛书　图说沃柑优质高效栽培技术［M］．北京：中国农业出版社，2021.

[6] 周广胜，周莉．现代农业防灾减灾技术［M］．北京：中国农业出版社，2021.

[7] 周常勇．中国果树科学与实践柑橘［M］．西安：陕西科学技术出版社，2020.

[8] 王锋．山阳核桃丰产栽培关键技术图例［M］．西安：陕西科学技术出版社，2020.

[9] 王建新．乡村振兴农业实用技术丛书　鲜食枣枣园管理技术细则［M］．咸阳：西北农林科学技术大学出版社，2020.

[10] 胡德．武陵山地区农业实用技术［M］．重庆：重庆大学出版社，2020.

[11] 杨士吉，李维．云南高原特色农业系列丛书　火龙果种植技术［M］．昆明：云南科学技术出版社，2020.

[12] 聂书海．有机果园［M］．石家庄：河北科学技术出版社，2020.

[13] 张勇，王小阳．果树病虫害绿色防控技术［M］．北京：中国农业出版社，2020.

[14] 姚欢．南方果树栽培与病虫害防治技术［M］．北京：中国农业科学技术出版社，2020.

[15] 姜林．桃新品种及配套技术［M］．北京：中国农业出版社，2020.

[16] 陈福如．橘病虫害速诊快治［M］．福州：福建科学技术出版社，2020.

[17] 侯慧锋．园艺植物病虫害防治［M］．北京：高等教育出版社，2020.

[18] 李本鑫，李静．园艺植物病虫害防治［M］．北京：机械工业出版社，2020.

[19] 张建平．果树病虫害图谱与防治百科［M］．长春：吉林科学技术出版社，2019.

[20] 魏东晨．果树病虫害绿色防控图谱 [M]．北京：中国农业科学技术出版社，2019.

[21] 王江柱，徐扩，齐明星．现代落叶果树病虫害防控常用优质农药 [M]．北京：化学工业出版社，2019.

[22] 陈中建，尹华中．果树规模生产与病虫害防治 [M]．北京：中国农业科学技术出版社，2019.

[23] 舒梅，杜飞，江波．植物保护技术 [M]．成都：电子科技大学出版社，2019.

[24] 孙瑞红，张勇，王会芳．果树病虫害安全防治 [M]．北京：中国科学技术出版社，2018.

[25] 王昊，王璐，雷晓隆．果树病虫害诊断与防治图谱 [M]．北京：中国农业科学技术出版社，2018.

[26] 王勤英，仇贵生．现代落叶果树病虫害诊断与防控原色图鉴 [M]．北京：化学工业出版社，2018.

[27] 吕佩珂，高振江，苏慧兰．现代果树病虫害诊治丛书　葡萄病虫害诊断与防治原色图鉴第 2 版 [M]．北京：化学工业出版社，2018.

[28] 陈立群，钟建龙．南方果树病虫害绿色防控与诊断原色生态图谱 [M]．北京：中国农业科学技术出版社，2018.

[29] 王永立，付丽亚，焦富玉．北方果树病虫害绿色防控与诊断原色生态图谱 [M]．北京：中国农业科学技术出版社，2018.

[30] 刘旭，刘虹伶．果树主要病虫害绿色防控技术 [M]．成都：电子科技大学出版社，2018.